可扩展的SDN
控制平面的设计和度量

廖灵霞 ◎ 著

上海财经大学出版社
SHANGHAI UNIVERSITY OF FINANCE & ECONOMICS PRESS

图书在版编目(CIP)数据

可扩展的 SDN 控制平面的设计和度量/廖灵霞著. —上海:上海财经大学
出版社,2024.8

ISBN 978-7-5642-4404-0/F・4404

Ⅰ.①可… Ⅱ.①廖… Ⅲ.①计算机网络-网络结构-网络控制程序-程序
设计 Ⅳ.①TP393.02

中国国家版本馆 CIP 数据核字(2024)第 102811 号

□ 策划编辑 杨 闯
□ 责任编辑 徐贝贝
□ 封面设计 贺加贝

可扩展的 SDN 控制平面的设计和度量

廖灵霞 著

上海财经大学出版社出版发行

(上海市中山北一路 369 号 邮编 200083)

网 址:http://www. sufep. com

电子邮箱:webmaster @ sufep. com

全国新华书店经销

苏州市越洋印刷有限公司印刷装订

2024 年 8 月第 1 版 2024 年 8 月第 1 次印刷

710mm×1000mm 1/16 11.25 印张(插页:2) 172 千字

定价:68.00 元

前　言

软件定义网络(Software Defined Networking，SDN)架构包含一个逻辑集中的控制平面,该控制平面通过完全解耦网络的控制功能与数据转发功能,实现对数据平面包含的所有转发设备的集中监督和管理,但也导致SDN系统面临严重的扩展性问题。本书主要研究 SDN 控制平面的扩展性问题,通过优化四种典型 SDN 应用场景下控制器的设计和性能评估,提供可扩展的 SDN 控制平面解决方案。

首先,本书研究了分布式控制平面在非虚拟化 SDN 系统的扩展性。由于在 SDN 控制器间保持强一致性不是分布式控制器的先决条件,而是降低SDN 系统扩展性的主要因素,因而本书提出了一种新型的分布式控制器解决方案,通过保持控制器间的最终一致性来提高 SDN 网络的扩展性。其次,本书研究了虚拟化 SDN 系统分布式控制平面的性能和扩展性,通过研究网络虚拟化的各种技术,提出一个高效的分布式网络管理程序,以较低的流转发延时和流统计信息收集开销实现 SDN 系统的虚拟化。再次,总结了不同结构的控制平面的控制器放置问题,提出了求解广域 SDN(WA-SDN)控制器放置问题的新型算法,通过联合优化控制器的组织和放置来提供可扩展的分布式控制平面。最后,研究了各种网络延时监测方案,提出 LLDP-looping 这种新型的链路延时监测方法,通过控制平面反复向交换机注入链路层发现协议(Link Layer Discovery Protocol,LLDP)数据包,测量交换机的链路延时,提高数据中心低延时 SDN 系统延时测量的精度、效率和扩展性,支持数据中心部署大量延时敏感的应用。

　　本书还对相关工作的局限性,以及将其扩展到物理 SDN 系统和各种网络场景的可能性进行了深入和广泛探讨。本书涉及的所有工作都使用开源平台进行原型设计,并通过模拟 SDN 系统进行评估。

　　本书的研究工作主要在加拿大不列颠哥伦比亚大学电子与计算机工程系 Victor C. M. Leung 教授的无线网络和移动系统实验室完成,涉及的相关实验在华中科技大学计算机学院陈敏教授的测试平台完成,研究成果包括多篇已经发表、接受或正在审查的会议和期刊论文,以及多项已授权的发明专利。这些论文的基本思想均在 Victor C. M. Leung 教授的指导下由本书作者提出。赖懂峰教授、万加富教授和黄天赐教授帮助作者对与本书第 2 章内容相关的论文进行了修改;陈敏教授针对与本书第 3 章内容相关的论文提出了很多建设性的修改建议,该文章最终发表在 *IEEE TNSM* 期刊;Abdallah Shami 教授帮助作者修改的论文已由 *IET Networks* 期刊发表;李智教授帮助作者修改了与本书第 4 章内容相关的论文,该论文已被 *Symmetry* 期刊出版;赖懂峰教授协助作者回复了发表在 *ZTE Communications* 的论文的审稿意见;陈敏教授还帮助作者回复了发表在 *IEEE TIM* 期刊的论文的审稿意见。

廖灵霞

2024 年 6 月

已授权的专利

● 专利号:ZL 2021 1 0303488.5,名称:基于多边形系数的大型稀疏复杂网络拓扑分析和简化方法,第一发明人(廖灵霞),类型:发明专利,授权日期:2022 年 9 月 6 日

● 专利号:ZL 2020 1 1310418.4,名称:基于软件定义网络的分布式虚拟网络监视器的实现方法,第一发明人(廖灵霞),类型:发明专利,授权日期:2022 年 6 月 7 日

● 专利号:ZL 2020 1 1310444.7,名称:基于软件定义数据中心的高精度实时延时监测方法,第一发明人(廖灵霞),类型:发明专利,授权日期:2022 年 6 月 7 日

目　录

第 1 章

引言与背景

移动网络终端设备数量的爆炸性增长和物联网(Internet of Things,IoT)的快速发展要求当前的网络系统能够在任何时间、任何地点连接任何类型的对象。这种以细粒度的方式连接和启用不同的设备与对象,大大增加了网络的复杂性,而保护数据隐私和知识产权以及满足网络管理的各种要求和规范则进一步增加了该复杂性[1],直接导致了一种新的网络范式,即软件定义网络(Software Defined Networking,SDN)的诞生[2]。

SDN 是一个分层的网络架构,于 2012 年由开放网络基金会(Open Networking Foundation,ONF)标准化[3]。与传统的计算机通信网络将网络控制与专用网络设备紧密结合不同,SDN 架构将网络控制与设备解耦,通过一个逻辑集中的控制平面,利用集中化、标准化的接口对网络全局视图进行抽象。本书中,网络全局视图指的是全局网络拓扑结构、统计数据、配置和管理策略等能够反映整个网络状态的信息。凭借该视图,各种网络应用可以通过对流量转发行为的编程,实现网络的智能管理和优化。所以 SDN 是一个集中化的、可调节和编程的网络系统,满足用户在动态网络环境中对网络性能的严格要求。这些优点使 SDN 系统得到了广泛应用,目前几乎所有的网络设备制造商都提供 SDN 系统设备和解决方案,越来越多的网络场景,如企业数据中心、校园网、电信网络已经或正在部署 SDN 系统。

早在 2013 年,SDxCentral 就预测 SDN 的全球收入(包括 SDN 设备和解决方案)在 2018 年可以达到 350 亿美元,并在 2020 年持续增加到近 1 050 亿美元[4]。然而,2017 年 Research and Markets 将这一全球收入调整为 2018 年的 8.47 亿美元和 2023 年的 60 亿美元[5],主要原因是他们在 2015 年发现了一些影响 SDN 应用增长的主要障碍[6]。在这些主要障碍中,SDN 系统的复杂性被排在第一位,而在不同网络场景中保持 SDN 的可扩展性是影响 SDN 系统复杂性的主要因素[6]。

可扩展性是系统的一般属性,但其在不同系统中的定义和构成尚未达成共识。可扩展性这个概念在直观上是指一个系统能够处理更多工作的能力。在计算机通信网络中,可扩展性也可以认为是网络转发更大数量的流量,或者管理更多设备的能力[7][8]。对于传统的计算机通信网络,可扩展性高度依赖于网络设备。这些设备紧密耦合了网络控制功能,即每个设备控制各自的流的转发。因为 SDN 系统的网络控制功能位于一个集中的控制平面,所以 SDN 系统的可扩展性与传统的计算机通信网络系统有很大不同。SDN 系统的数据平面通常只包含没有任何本地控制功能的简单网络设备,SDN 系统的控制平面通过为这些简单网络设备设置转发规则,实现对这些设备的统一集中管理。尽管 SDN 控制平面可以为简单网络设备主动(proactively)设置转发规则(即控制平面在新流出现时完成该流的转发规则的设置),实际上大量的 SDN 系统会要求其控制平面对网络转发规则进行被动(reactively)设置(即控制平面在新流出现后再完成该流的转发规则的设置),使得控制平面能够及时设置和调整流转发规则以便对实时更新的全局网络视图进行动态反馈,实现灵活的网络管理。但被动设置流转发规则会导致 SDN 系统的可扩展性面临更大的挑战。在本书中,我们将 SDN 系统中的简单网络设备称为交换机,将传统计算机通信网络中的传统专用网络设备称为传统交换机。

SDN 系统的可扩展性问题表现在三个方面:控制平面、数据平面以及控制平面和数据平面之间的通信接口。控制平面的可扩展性问题表现为能否提供一个足够大的流设置率(flow setup rate)。在 SDN 系统中,流设置率是指控制平面每秒能设置的转发规则总数。当 SDN 系统采用被动模式安装转发规则时,控制平面将在每个新流的第一个数据包首次出现在数据平面的转发设备时，为该流创建转发规则。转发设备接收到转发规则后，再根据转发规则完成流的转发。这个过程包括转发设备和控制器平面的控制器之间的交互，这种交互导致了流设置延时，即转发设备获得一条转发规则所需要的时间开销，限制了转发设备的最大流设置率，降低了整个网络每秒可转发的流总数。在 SDN 系统中，转发规则也被称为流表项(flow entry)。此外，SDN 系统还需要维护和实时更新一个全局网络视图，以便进行全局网络管理和优化。对全局网络视图的维护和更新在控制平面和数据平面产生了额外开销，该开销在进一步增大流设置延时的同时，还会产生全局网络视图的更新延时(即全局网络视图每次更新所需的时间消耗)，影响控制平面对全局网络视图的更新频率(即全局网络视图更新率)，进而限制控制平面有效管理的交换机和链路的最大数量。由于 SDN 系统高度依赖集中式的网络控制和全局网络视图来管理和优化数据平面，所以，流设置延时、流设置率、全局网络视图更新延时和全局网络视图更新率是 SDN 系统的特有属性，被视为 SDN 控制平面的可扩展性指标[7][8]。

　　SDN 数据平面的可扩展性挑战主要表现在转发设备只能凭借其有限资源调用控制平面来建立新的流转发规则。SDN 交换机通常依靠一个本地安全通道在远程控制器(控制平面)和本地特定应用集成电路(ASIC)之间传输数据。SDN 交换机内部的这个安全通道通过一个带有中央处理单元(CPU)的简单控制电路控制。由于该 CPU 的运算速度与 ASIC 相比相对较慢，且该 CPU 和 ASIC 之间的带宽通常非常有限，所以该安全通道的数据传输速率通常非常低[9]，限制了安全通道向控制平面发送 OpenFlow 消息的最大数量，因此也限制了控制平面的流设置率。为了解决这个问题，SDN 交换机需要将尽可能多的流表项存储到流表，但 SDN 系统使用的流表项比传统计算机通信网络中的转发规则消耗更大的内存空间，而 SDN 交换机用于存储流表项的三元内容可寻址内存(Ternary Content-Addressable Memory，TCAM)比传统交换机用于存储网络转发规则的内容可寻址内存(Content-Addressable Memory，CAM)要昂贵得多，导致了 SDN 流表存储空间的短缺，直接影响到交换机每秒可转发的流数量，从而影响 SDN 网络性能和可扩展性。

　　SDN 控制平面与交换机的交互接口所面临的可扩展性挑战在于如何减少控制流量消耗的带宽。由于 SDN 交换机没有本地控制功能，数据平面的变化需要控制平面进行决策,从而产生了大量的控制流量,消耗了宝贵的网络带宽。尽管 SDN 支持带外控制平面,即构建专用的管理网络设施将 SDN 交换机与控制器连接起来,但出于成本的考虑,大部分的 SDN 系统会使用带内控制平面,即将用于交换机互连的网络设施用于连接交换机和控制器。由于具有带内控制平面的 SDN 系统的链路被数据包和控制包共享,所以数据包的实际链路带宽要小于给定带宽。大规模的 SDN 系统在转发控制包到控制器的关键路径上会产生更多的控制包,数据包在这些路径上的实际链路带宽会大幅减少,从而降低了网络每秒可以转发的数据包总量,限制了整个网络的可扩展性。

提供可扩展的 SDN 解决方案一直是 SDN 学术界和工业界的热门话题,SDN 设备和解决方案提供商、研究社区和标准组织为此做了大量的努力[7][8]。例如,SDN 经典的集中式控制平面[10]已被扩展到分布式(物理分布但逻辑集中)控制平面[11],以提供更大的流设置率;大量用于提高控制器的性能[12]−[16],缓解交换机流表空间不足[17][18]的方案被提出;通信接口得到进一步完善,如 OpenFlow[10]已经从 1.0 版本发展到 1.5 版本,以改进描述、编程和监控交换机的方法,提高网络性能和扩展性[19]。

但是,多样化和复杂多变的 SDN 应用场景催生了许多有别于可扩展性,但影响 SDN 系统可扩展性的新需求,为 SDN 系统的使用和部署增加了许多限制和复杂性[7][8]。例如,在高端服务器上运行控制器或使用分布式控制平面可以提供更大的流设置率,从而增强控制平面的可扩展性,但可能会增加 SDN 控制器的成本[20]或控制平面的复杂性[21]−[26];尽管虚拟化网络可以使数据中心有效利用网络资源,但可能会产生较大的流设置延时,从而影响网络性能[27]−[29];在广域 SDN 系统上部署分布式控制平面的控制器可以减少交换机和控制器之间的延时,但可能会增加两个控制器之间的延时,从而影响控制平面的可扩展性[30];持续监测 SDN 系统的延时会增加控制平面和数据平面的开销,从而影响整个网络的性能等。所以,尽管 SDN 架构已经被标准化了十几年[3],但是许多可扩展性的挑战和开放性的问题仍然没有得到解决[7][8]。

本书对几个 SDN 典型应用场景下可能增强 SDN 控制平面扩展性的方法进行了研究。首先,介绍 SDN 系统的架构和主要组成部分;其次,讨论 SDN 系统的扩展性问题和解决这些问题的方法;再次,介绍用于 SDN 功能原型开发和性能评估的主要工具;最后,对本书的主要研究问题、挑战和贡献进行总结。

1.1　SDN 系统架构及其主要组成单元

1.1.1　SDN 系统架构

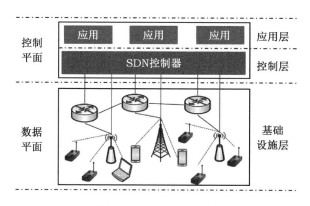

图 1.1　SDN 系统架构

如图 1.1 所示,SDN 是一个三层的架构,包含基础设施层、控制层和应用层。基础设施层构建了数据平面,控制层和应用层组成了控制平面。基础设施层由许多交换机组成,交换机依赖控制层创建流表项,进而决定网络流的转发行为。控制层可以由多个控制器组成,控制器收集网络运行状态,形成全局网络视图。基于该视图,应用层的各类应用通过创建和更新流表项对网络进行细粒度的管理和优化,流表项实现交换机对流转发行为的编程。SDN 为控制层定义了南向和北向接口,分别管理与基础设施层和应用层的交互。为了提高控制层的可扩展性,SDN 还引入了西向/东向接口,允许多个合作的控制器构成一个物理分布但逻辑集中的控制层。

SDN 控制平面可以是集中式或者分布式。集中式控制平面仅由一个控制器组成,其显著优势是可以对整个网络进行集中和统一管理。但集中式控制平面会带来网络的单点故障问题,导致网络可用性和扩展性变差。分布式控制平面由多个控制器组成,每个控制器只负责管理数据平面所包含交换机集合中的一个子集。分布式控制平面通过在控制平面中设置多个控制器并减少每个控制器直接管理的交换机数量,提高了可扩展性。但是分布式控制平面必须使用控制器间交互的东西向接口。由于东西向接口目前尚未标准化,导致不同分布式控制平面的实现存在很大的差异,这些差异增大了网络互操作性和扩展性的复杂程度。此外,无论 SDN 系统使用带内控制平面还是带外控制平面,在控制器和交换机之间提供可扩展的交互目前依然是一个开放问题(open issue)[31][32],会进一步增加网络的复杂性。表 1.1 列出了当前文献中提出的一些控制平面解决方案,对更多的控制平面解决方案进行了总结。由于 NOX[12] 是最早发布的控制器和应用开发平台,因此本书选择 NOX 完成相关方案的原型实现,以降低实现难度,减少开发时间和成本。关于分布式控制平面的更多细节将在本书的第 2 章、第 3 章和第 4 章进行介绍。

表 1.1　　　　多种控制平面解决方案的比较(OF 是 OpenFlow 的缩写)

控制器	类型	北向接口	开放性	南向接口	描述
NOX[12]	集中	ad-hoc	是	OF1.0 &1.3	集中式控制器解决方案,异步,基于事件,单线程控制器,提供基于组件的架构
Beacon[13]	集中	ad-hoc	是	OF1.0	集中式控制器解决方案,基于事件和线程的交叉平台,支持快速动态开发
Maestro[14]	集中	ad-hoc	是	OF1.0	集中式控制器解决方案,模块化网络控制应用,多线程系统
Floodlight[15]	集中	RESTful	是	OF1.0	集中式控制器解决方案,基于 Beacon 控制器,模块化的核心架构,开放源代码
Ryu[16]	集中	ad-hoc	是	OF1.0—1.4	集中式控制器解决方案,基于组件和事件,NETCONF 库可重用,支持 sFlow/Netflow
OpenDaylight[21]	分布	RESTful	是	OF1.0&1.3 OVSDB OF-Config	平面分布式控制器解决方案,支持多种南向接口协议,全局网络视图存储在分布式数据仓库,支持多视图拷贝,拷贝间保持强一致性
Onix[22]	分布	NVP NBAPI	否	OF1.0 OVSDB	平面分布式控制器解决方案,全局网络视图存储在分布式哈希表,仅支持单一视图拷贝

续表

控制器	类型	北向接口	开放性	南向接口	描述
HyperFlow[23]	分布	ad-hoc	否	OF1.0&1.3	平面分布式控制器解决方案,全局网络视图存储在分布式文件,支持多个视图拷贝,拷贝间保持强一致性
ONOS[24]	分布	RESTful	是	OF1.0	平面分布式控制器解决方案,全局视图存储在分布式数据仓库,支持多个强一致性的视图拷贝
Kandoo[25]	分布	ad-hoc	否	OF1.0&1.3	层次分布式控制器解决方案,上层的根控制器维护全局网络视图
SCL[26]	分布	多种类	是	OF1.0—1.4	平面分布式控制器解决方案,包括事件协调层和多个控制器,多个全局网络视图间保持最终一致性

1.1.2 数据平面

SDN 数据平面由交换机组成,与传统交换机不同,SDN 交换机没有本地控制功能,只能根据转发规则完成流量转发动作。SDN 交换机通常由两个主要部分组成:安全通道(即控制通道)和流表流水线(也称为数据通道),如图 1.2 所示。控制通道使用标准化协议,如用 OpenFlow 来维护控制器和数据通道间的交互。数据通道是数字 ASIC,负责将流与流表中的流表项进行匹配,并根据匹配流表项所提供的规则完成流的转发。SDN 交换机可以有一个[10]或多个流表[11],流表存储流表项,流表项由控制平面生成并下发到交换机的流表。当流表存储的流表项超时失效后,由控制平面对其进行更新。

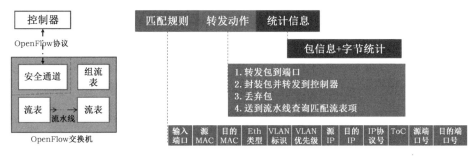

图 1.2 OpenFlow 交换机架构和流表项

SDN 交换机的流表项包括匹配规则、转发动作和统计信息。如图 1.2 所示,匹配规则包含多个用于匹配流的字段,转发动作描述了流数据包应该遵循的转发行为,统计信息包含了这个流表项相关的运行数据。

目前,主流的网络设备制造商提供 SDN 交换机(物理交换机)。第一个与 OpenFlow 1.0 兼容的软交换机[32]由斯坦福大学实现,爱立信和 CPqD 合作实现了另一款软交换机[34],兼容 OpenFlow 1.3[11],但这两款软交换机只能工作在用户模式。Linux 基金会开发了 Openvswitch[35][36]软交换机,支持用户模式和内核模式,由于内核模式允许执行代码直接且完全访问底层硬件所引用的任何内存地址,所以 Openvswitch 的性能比其他两种软交换机要好得多。Openvswitch 能兼容 OpenFlow 的 1.0 到 1.5 的所有版本,被广泛应用于学术研究。当前的研究还提出了一些能够快速构建性能介于软交换机和物理交换机之间的 OpenFlow 交换机解决方案,例如斯坦福大学推出的 NetFPGA[37]开源硬件开发平台,允许研究人员和设计人员配置硬件,可用于网络设备出厂后的再次快速原型设计[38]。

1.1.3　接口

SDN 定义了三种类型的接口:南向、北向和东西向。南向接口位于控制平面和数据平面之间,北向和东西向接口则位于控制平面内部。南向接口用于控制平面与管理数据的交互,北向接口用于网络应用程序与控制器的交互,而东西向接口则用于控制器之间的交互。表 1.2 列出了当前 SDN 支持的主要接口。

表 1.2　　　　　　　　　　　　　　　　SDN 接口

类型	名字	提出	描述
南向接口	OpenFlow[10]	Stanford University & ONF	对交换机和流的行为进行编程
	ForCES[39]	IETF	对交换机和流的行为进行编程
	OVSDB[41]	Openvswitch	Openvswitch 交换机配置协议
	OF-Config[40]	ONF	OpenFlow 配置协议

续表

类型	名字	提出	描述
北向接口	ad-hoc	NOX[12],Beacon[13]	控制器提供的接口
	RESTful	Floodlight[15],OpenDaylight[21]	支持网络应用通过一致的预定义方式获取全局网络视图信息
	NVP NBAPI	Onix[22]	特殊的 APIs
	编程语言扩展	Frenetic[42]NetCore[43]	对控制器功能和数据平面的动作进行抽象,支持网络应用的开发
	高等级 API	SFNet[44]	将网络应用的需要转化为低等级的服务请求
		Yanc[45]	对网络设备进行抽象,在网络应用和设备间提供基于文件的通信方式
东西向接口	交换机间互操作性	Onix[22],ONOS[24],OpenDaylight[21]	控制器间的交互接口
	多域互操作性	Kandoo[25]	在多域网络内提供域控制器间的交互接口
	异构互操作性	ClosedFlow[46]	控制器与其下级控制器或非 SDN 控制器间的交互接口

1.1.3.1 南向接口

南向接口被控制器用来管理流的转发和交换机的配置。目前 SDN 社区提出了多种南向接口[8],其中 OpenFlow 和 ForCES[39]用于流量管理,OpenFlow 配置协议(OF-Config)[40]和 OVSDB[41]用于交换机配置[8]。OpenFlow 协议由斯坦福大学提出,后被 ONF 标准化,已成为 SDN 中最知名、应用最广泛的南向接口。OpenFlow 有 1.0 到 1.5 的多个版本,版本 1.0 和 1.3 应用广泛。ForCES 由互联网工程任务组(IETF)标准化,但尚未被广泛采用。OF-Config 由 ONF 提出,控制平面可通过其对交换机进行集中统一的配置。

1.1.3.2 北向接口

北向接口用于网络应用程序从全局网络视图中检索信息,并将应用程序所需的配置和控制策略传达给数据平面。北向接口也被称为北向应用程序接口(API),与能够在硬件中实现并已完全标准化的南向接口相比,北向 API 主要在软件中实现,而且尚未被标准化。

1.1.3.3　东西向接口

东西向接口保证了不同控制器间的兼容性和互操作性,但尚未被标准化。集中式控制平面不需要东西向接口,因为它只包含一个控制器;分布式控制平面包含多个控制器,大概率要用到东西向接口。所以,东西向接口的实现很大程度上取决于控制平面中控制器的组织方式。当分布式控制平面用平面方式组织多个控制器时,每个控制器角色相同,平面分布式控制平面的东西向接口通常只考虑对等控制器之间的协调。例如,不同控制器间数据的导入和导出、多个控制器间并发和一致性的实现、分布式事务性数据仓库(Distributed Data Stores,DDSs)或者分布式哈希表(Distributed Hash Table,DHT)的编程,或强一致性和容错的高级算法[20]~[24]等。当分布式控制平面用层次结构方式组织控制器时,东西向接口可用于相同层的控制器间或不同层的控制器间的交互,以适应不同的控制器编程接口和识别特定的服务集,并满足不同类型底层基础设施的组网和配置管理要求[25][47][48]。

1.1.4　SDN 系统的可扩展性

1.1.4.1　可扩展性度量

根据不同的研究目标,目前 SDN 研究可使用多种可扩展性能指标,如路径安装时间、链路利用率、控制平面的开销或效率[7][8]等。本书中,我们主要使用以下四种在 SDN 研究中广泛使用的可扩展性指标:

(1)流设置率:流设置率指控制平面每秒能处理的 OpenFlow packet_in 消息的数量[14][20]。OpenFlow packet_in 消息由交换机发送至控制平面,请求控制平面为其安装新的流表项。

(2)流设置延时:流设置延时指控制平面处理 OpenFlow packet_in 消息所产生的时间消耗[14][20]。

(3)全局网络视图更新率:全局网络视图更新率指控制平面每秒能处理的、用于更新全局网络视图消息的总数量。这些消息包括交换机向控制器发送的、用于报告链路、交换机、队列、端口或流量状态的 OpenFlow 消息,与控制器间用于报告各自资源使用和工作状态的交互信息。根据控制器的组织方式和控制器构建全局网络视图的机制,全局网络视图更新率可表示为事件重放率[23][26]、分布式数据仓库的写入速率[21][24]、分布式哈希表的写入速率[22]等。

（4）全局网络视图更新延时：全局网络视图更新延时指控制平面对全局网络视图完成一次更新的时间消耗。由于分布式控制平面用于更新全局网络视图的方法存在多样性，所以该时间消耗也可表示为事件收敛延时[23][26]、分布式数据仓库的写入延时[20][24]、分布式哈希表的写入延时[22]等。

1.1.4.2　SDN 控制平面的可扩展性

SDN 控制平面的可扩展性问题源于 SDN 网络架构将控制功能从网络设备中剥离，进而构建集中式的网络控制和全局网络视图，使整个网络架构复杂化。这种集中式网络控制定义了一个被动式的流设置过程，即网络中每个新流的第一个数据包会被接收该数据包的第一台交换机转发到控制平面，请求控制平面的控制器为该流所有路由路径上的交换机安装转发规则（即流表项），以便使该流后续数据包无须触发与控制平面的交互就可以根据交换机已安装的流表项直接转发。尽管 SDN 控制平面也支持主动式安装流表项，即让控制平面在流到来之前预先在相关交换机为其设置好匹配的流表项，以避免转发新流时触发反应式流设置过程，增大网络的流转发延时，但大量的 SDN 系统为了网络管理的灵活性，倾向于采用反应式流设置过程为新流创建和安装流表项。这种情况下，流设置过程会产生流设置延时，降低了网络每秒能够转发的流数。另外，全局网络视图的构建需要控制平面从网络所有交换机（和控制器）中收集运行统计数据，以便应用灵活和可编程的网络策略对全网进行管理和优化。由于目前 OpenFlow 协议只标准化被动式统计信息采集方式，即控制器定期轮询交换机以收集运行统计数据，该方式不可避免地增加了控制器和交换机的资源开销[9]，从而增大控制器处理交换机发送过来的消息延时[20]，导致控制平面所能提供的流设置率和全局网络视图更新率的降低。因此，全局网络视图的构建会降低控制平面的可扩展性，特别是对于需要频繁更新全局网络视图的动态网络[9][20][49]。对于一个包含大量交换机且具有分布式控制平面的大规模网络，控制器状态和信息同步引发的控制器间的交互会产生额外开销，该开销会进一步降低控制平面所能提供的流设置率，从而降低控制平面的可扩展性[22]−[26]。

1.1.4.3　数据平面的可扩展性

数据平面的可扩展性通常受限于 SDN 系统特有的流设置过程和交换机自

身的资源。在被动式流设置过程中,SDN 系统任意新流的第一个数据包需要控制平面安装流表项,新流的后续数据包根据已安装的流表项进行转发,这个过程产生的控制平面的流设置延时也会限制交换机每秒转发的流总数(交换机的流转发率)。此外,由于交换机用于管理安全通道的 CPU 速度较慢,且该 CPU 与流水线(Pipeline)之间交互的带宽有限[9],导致交换机的流转发率较小[9][50],使得 SDN 网络中每个新流的第一个数据包通常需要等候较长时间才能被转发,直接降低了数据平面的可扩展性。另外,OpenFlow 交换机的每个流表项比传统交换机的转发规则要占用更大的存储空间,再加上用于存储流表项的 TCAM 内存比用于存储传统交换机转发规则的 CAM 内存要昂贵,导致了 SDN 交换机流表空间的短缺。当交换机出现流表空间短缺时,控制平面创建的最新流表项将无法存储到流表,导致额外的流包被转发到控制平面,直接降低 ASIC 转发的流包数量,降低交换机的流转发率,影响数据平面的可扩展性。

1.1.4.4 OpenFlow 协议的可扩展性

OpenFlow 协议所支持的 SDN 系统控制平面与数据平面的交互产生许多控制包,消耗网络宝贵的带宽资源,给网络增加负载和延时。例如,当 SDN 系统为一个新流在其包含交换机的单项路径上进行流设置时,OpenFlow 协议会产生 $n+2$ 个管理包,其中,n 个管理包用于安装流表项(一个交换机发送一个流表项安装包),1 个流表项安装请求包从入口交换机发送给控制器,1 个流表项安装响应完成包由控制器发送给出口交换机[9]。假设流表项安装请求和响应数据包具有最小字节数,且忽略发送这些信息的开销,$n+2$ 个控制包在控制平面和数据平面之间的控制通道上至少产生约 $144n+94$ 字节的工作负载,其中流表项安装请求和响应包均为 47 字节,流表项安装控制包为 144 字节。假设一个流的转发路径包含 3 台交换机($n=3$),该流所产生的控制包的总字节数为 526($144 \times 3 + 94 = 526$)。由于互联网和数据中心网络通常包含大量这样的短流(也称为老鼠流,只由几个数据包组成,持续时间短),每个流平均只携带小于 1K 字节的信息[9],但包含大量控制包,导致控制包消耗大量的带内控制平面的控制带宽,且流的路径越长,其控制包所消耗的带宽越大。

此外,由于交换机的流表空间有限,所以 SDN 系统还为每个流表项设置了一个超时时间。当一个流处于活动状态,持续在网络中产生流包,而其匹配的流表项超时失效时,该流后续的数据包将被交换机转发到控制平面,激活已超时失效的流表项。这个过程在 SDN 系统也会产生额外的控制流量。流表项设置的超时时间越长,流表项超时失效的频率就越低,激活该流表项的控制流量就越少;反之,流表项的超时时间设置得越长,每个流表项在流表的存活时间就越久,占用的流表空间就越大。考虑到当前互联网和数据中心网络通常会产生大量的老鼠流[17],为老鼠流配置具有较大超时时间的流表项会迫使老鼠流流表项在流量表中存活的时间超过这些老鼠流在网络的实际活动时间。在 SDN 交换机的流表空间固定的情况下,保存越多非活动流的流表项,留给网络中活动流的流表项的空间就越少。为了容纳更多的网络活动流的流表项,流表的总空间必须随着流表项所设置的超时时间的增大而增大。因此,SDN 交换机需要合理配置流表项的超时时间,以平衡流表的空间、控制流的数量和网络性能[18]。

1.1.5　改进 SDN 扩展性的方法

如表 1.3 所示,SDN 控制平面主要使用以下 3 种方法来提高其可扩展性:①基于网络拓扑结构的控制平面方法,②基于控制机制的控制平面方法,③网络拓扑与控制机制混合的方法。

表 1.3　　　　　　　　改进 SDN 控制平面可扩展性的方法

可扩展性方法		解决方案	描述
基于网络拓扑	集中式	NOX[12]	单控制器解决方法
	平面分布式	HyperFlow[23],Onix[22],ONOS[24],OpenDaylight[21]	多控制器,全局网络拓扑共享
	层次分布式	Kandoo[25],Orion[47],D-SDN[48]	控制器组成层次结构
基于控制机制		Maestro[14],Beacon[13],NOX-mt[20],McNettle[49]	支持多线程和 IO 批处理
网络拓扑与控制机制混合		DevoFlow[9],DIFANE[50]	交换机增加本地控制功能

1.1.5.1　基于网络拓扑结构的方法

基于拓扑结构提高 SDN 控制平面可扩展性的方法使用集中式或分布式设计,研究控制器的拓扑结构与网络的可扩展性之间的关系。集中式设计通常只包含一个控制器,分布式设计包含多个控制器,形成一个平面或层次结构。分布式设计通过减少每个控制器的工作量，获得比集中式设计更好的扩展性。

NOX[12]是 SDN 研究社区提出的第一个集中式控制平面设计方案，也是一个网络应用开发平台。HyperFlow[23]、Onix[22]、ONOS[24] 和 OpenDaylight[21]都是平面分布式控制平面设计方案，它们在控制平面上实现了多个物理上分离但逻辑上集中的控制器，并通过多种机制构建了网络的全局视图。层次分布式控制平面设计方案（例如：Kandoo[25]）具有分层架构，下层包含多个本地控制器，每个本地控制器处理本地网络产生的局部而频繁的网络事件（如流量切换）；上层包含一个根控制器，根控制器维护全局网络视图，并根据全局网络视图处理少量的全网范围的管理和优化应用的网络事件（如 QoS 路由和链路负载平衡等）。尽管分层设计可以帮助大规模网络快速处理频繁发生的局部事件，只允许根控制器访问全局网络视图，但是处理大规模网络全网范围的应用会导致严重的可扩展性问题[25]。还有一些层次分布式控制平面设计方案，如 Orion[47]和 D-SDN[48]，在每个位于下层的局部控制器或位于上层的根控制器上进行平面分布式设计，以便获得更大的可扩展性。

1.1.5.2　基于控制机制的方法

基于控制机制的控制平面可扩展性改进方法通过优化单个控制器的机制与控制平面的可扩展性之间的关系来增强控制器的性能和可扩展性。例如：Beacon[13]、Maestro[14]、NOX-mt[20] 和 McNettle[49]等集中式控制平面解决方案利用多核系统的多线程和输入/输出(I/O)批处理等方法提高并行能力，降低控制平面的流设置延时，提高流设置率。还可以通过优化路由决策机制或流表项的超时时间来减少控制平面需要处理的事件，改善控制平面的流设置延时和流设置率。

1.1.5.3　网络拓扑与控制机制混合的方法

网络拓扑与控制机制混合的方法利用数据平面来分载控制平面的工作负载，从而提高控制平面的可扩展性。由于控制平面和数据平面的解耦产生了 SDN 特有的流设置过程，直接导致了 SDN 的可扩展性问题，因此，将网络控制尽可能地保留在数据平面中，虽然可以减少控制器的开销，提高控制平面的性能和可扩展性，但这种权力下放违背了 SDN 系统将网络控制与数据平面分离的原则。DevoFlow[9]和 DIFANE[50]是当前使用混合方法的两个典型代表。

1.1.6　SDN 系统的主要工具

1.1.6.1　性能基准测试工具

SDN 系统的性能基准测试工具可以分为两类：用于控制器的工具和用于交换机的工具。用于控制器的基准测试工具通过模拟大规模网络的负载来评估 OpenFlow 控制器的性能。Cbench[51]是被当前研究广泛采用的控制器性能基准测试工具，它模拟多个交换机，向被测控制器发送 OpenFlow packet_in 信息包，通过统计所模拟所有交换机每秒收到的被测控制器发送的响应信息包总数量，评估被测控制器的流设置率和流设置延时。Cbench 在本书中被用来测量控制平面的流设置率和流设置延时。OFLOPS[52]是当前被广泛使用的交换机性能基准测试工具。由于数据平面的可扩展性不是本书研究内容，所以没有使用 OFLOPS 进行交换机的性能测试。另外，本书还用到 IPERF[53]、Ping[54] 和 TC[55]来生成工作负载、测试路由的覆盖率性（reachability）和延时，以及配置测试网络的链路延时。

1.1.6.2　网络仿真和模拟工具

直接使用物理 SDN 系统来评估控制器和交换机的功能和性能非常昂贵，网络仿真和网络模拟是两种可能的替代方案，其可以在不涉及昂贵物理设备的前提下，支持快速原型设计和 SDN 网络环境的搭建。仿真工具通常采取简化模型来模拟 SDN 系统，仿真产生的网络具有可重复性，可用于性能测试，缺点是仿真网络的准确性高度依赖于仿真所使用的简化模型[56][57]。模拟器是对协议和应用进行原型化和评估的工具。Mininet[58]是第一个也是当前最好的开源 SDN 模拟器。EstiNet[57]既是仿真器也是模拟器，但不开发源代码。模拟器通常使用 Linux 操作系统的虚拟化容器概念来模拟软件交换机，提供与基于硬件的 OpenFlow 交换机完全相同的语义，但只消耗非常有限的计算机资源。这里所说的容器，是指由应用程序、依赖关系、库和配置组成的运行环境。由于模拟器可以在一台个人电脑上快速模拟一个由控制器、应用程序和数百台主机和交换机组成的 SDN 网络，所以模拟器被广泛用于快速建立原型和测量 SDN 控制平面的性能。但是，由于 Mininet 等模拟器没有为每个模拟的软件交换机提供一个单独的系统时钟，所以它们通常并不适合数据平面的性能测试。本书的第

2 章和第 3 章使用 Mininet 来模拟 SDN 网络系统,以便对分布式控制平面的可扩展性进行评估。本书第 4 章没有使用 Mininet 模拟器测量两台交换机之间以及交换机和控制器之间的延时,但本书的第 5 章利用 Mininet 模拟器模拟低延时的 SDN 系统,以评估所提出的链接延时测量方法的准确性。

1.1.6.3　测试平台及其他工具

本书的相关实验使用了华中科技大学计算机学院的一个测试平台。该测试平台由 7 台 2-CPU(Intel Xeon E5-2420)服务器和 2 台 4-CPU(Intel Xeon E7-4820V2)服务器组成,通过 1 000Mbps 以太网交换机连接。如图 1.3 所示,测试平台的一个 2-CPU 服务器配置了本地和公共 IP 地址,以便通过位于加拿大温哥华的不列颠哥伦比亚大学电子和计算机工程系的无线网络和移动系统实验室的笔记本电脑进行远程访问和管理。这台笔记本电脑运行 Matlab[59],用于本书相关实验的数据分析和算法评估。

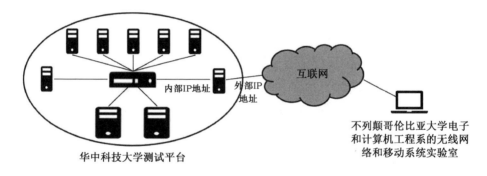

图 1.3　测试平台示意图

1.2　主要研究问题和挑战

SDN 控制平面、数据平面以及两个平面之间的交互接口都存在可扩展性问题,本书主要研究控制平面的可扩展性,旨在优化分布式控制器的设计和度量,为 SDN 系统提供一个可扩展的控制平面解决方案。本书研究的主要问题和面临的主要挑战如下:

(1)由于单个控制器通常无法提供较大的流设置率,加上控制器必须对网络拓扑进行频繁更新以维护全局网络视图,支持金融交易、流量监测和在线游戏等延时敏感且与用户交互频繁而多变的动态应用,所以 SDN 系统通常采用分布式控制平面[21]-[26]。当 SDN 系统使用分布式控制平面时,整个网络被分成多个区域,每个区域由一个控制器管理。由于每个控制器管理的交换机数量减少,因而控制器增加的开销会降低,控制器所能提供的实际流设置率会相应增加,整个控制平面能够管理的网络规模也会增加。但是,单个控制器往往只能与管理区域内的交换机直接相连,增加了构建全局网络视图的难度,需要在分布式控制平面实现一些额外机制才能解决此问题。在层次分布式控制平面中,由于只有上层的根控制器才能通过收集下层的区域控制器的本地网络视图来构建全局网络视图[25],因而基于全局网络视图的全局网络管理应用只能部署在根控制器,根控制器可能会成为 SDN 网络的性能"瓶颈"和单点故障。在平面分布式控制平面中,全局网络视图通常是各控制器局部网络视图的逻辑集中,不同平面分布式控制平面所管理的全局网络视图副本数量可能也不相同。对于只维护单一全局网络视图副本的平面分布式控制平面,当一个控制器需要从远程控制器检索数据时,相关流的流设置延时可能较长[22];对于那些需要维护多个全局网络视图副本的平面分布式控制平面,由于每个流大概率可以从本地的副本中检索到所需的数据[23][26],所以控制器通常可以实现较低的流设置延时和较大的流设置率。但是,保证多个全局网络视图副本间的一致性会增大每个控制器的开销,导致全局网络视图更新延时的增大和全局网络视图更新率的降低[23][26]。因此,同时保持高流设置率和全局网络视图更新率,进而提高分布式控制平面的可扩展性是当前 SDN 研究领域面临的一个挑战。本书第 2 章在非虚拟化 SDN 系统上研究并解决了这个难题。

(2)受服务器虚拟化的成功的激励,网络虚拟化已成为当前研究的一个热点[60]。网络虚拟化将一个物理网络的资源切成多个虚拟网络,每个虚拟网络都有自己的网络拓扑结构、寻址空间、节点资源(交换机的计算和缓冲能力)和链接资源(链接能力)。由于每个虚拟网络可以分配给一个用户(租户),用户能够对虚拟网络进行配置,并使该配置超越目前的互联网架构与协议对共享物理网络设施的限制,所以网络虚拟化经常被用来研究新的网络范式,提高网络资源利用率,或在现有的网络基础设施上改进业务灵活性,进行服务创新[60]。尽管当前研究已提供虚拟局域网(VLAN)[98]和多协议标签交换(MPLS)等网络资源分割技术,但这些技术通常针对网络特定层面进行虚拟化,在匹配虚拟网络或优化网络资源利用时会受到相应限制[60][61]。以网络资源抽象为基础,网络管理程序(Network Hypervisor,NH)可用于分配虚拟网络资源并监控其运行状态[27]−[29],因此,网络管理程序可在多个网络层面上对物理网络进行切割,形成完全虚拟化的网络。但是,由于网络管理程序需要协调网络中的所有设备,而不同厂家、不同类型的设备通常使用特有的接口或特有的方式进行配置和管理,在传统 IP 网络上协调网络所有设备的配置和管理难度很大,因此,要想在传统的 IP 网络上实现和部署网络管理程序面临很大的挑战。与传统 IP 网络不同,SDN 系统将网络控制与专用网络设备分开,形成一个完全与数据平面解耦的控制平面。由于 SDN 控制平面通过标准化的接口对所有专用网络设备进行集中且统一的配置、管理和控制,所以 SDN 系统的控制平面非常适合部署网络管理程序。但是,在控制平面中添加网络管理层会导致额外的流设置延时[27]−[29][61],从交换机收集统计数据也会大大增加控制平面的开销[9][62][63],导致控制平面性能和可扩展性大幅下降。本书第 3 章主要研究 SDN 虚拟化的、高效的网络管理程序,以及改进其扩展性的方法。

(3)静态配置策略尽管能对传统广域网(Wide Area Network,WAN)进行有效管理,但不能适应网络的动态变化[64]。广域 SDN 系统具有解耦的控制平面与数据平面,能以频繁更新的全局网络视图为基础,通过被动式流转发过程来适应网络的动态变化。但是,持续使用被动式流转发过程设置流转发规则和更新全局网络视图需要控制平面和数据平面之间频繁交互。WA-SDN 系统具有地理上分布广泛的网络节点,使用单个控制器组成的集中式控制平面很难提供 WA-SDN 系统所需的网络性能、可扩展性和可用性。因此,WA-SDN 系统需要合理分布多个控制器,组成分布式控制平面来优化网络性能、可扩展性和可用性。但是,这种优化通常只针对特定分布式控制平面结构的特定控制器组织方式[66]−[73]。由于控制器在控制平面的组织方式限制了控制平面所能支持的控制器合作方式,控制器在控制平面的组织方式实际上决定了网络性能和可用性。因此,联合优化控制器的组织和放置对于提高 WA-SDN 网络性能、可扩展性和可用性具有重大意义。鉴于该联合优化问题还未被当前的研究涉及,本书第 4 章将对该问题进行深入研究和分析。

(4)当前网络通常需要支持可预测和差异化的 QoS/QoE 服务,为网络管理人员提供高效的网络延时监测技术是满足这类需求的必要条件。网络延时监测对部署延时敏感应用(在线游戏/搜索/银行等)数据中心的低延时网络尤其重要,因为延时敏感应用通常运行分布式组件,组件间通过网络设备交互,对大量的并发用户提供快速响应。当前的延时监测方法主要包括主动和被动两类,能够自动对网络的路径延时进行准确测量。但是,主动延时监测方法需要建立一个专门的网络设施来处理测量的探测数据包[74]-[76],被动延时监测方法必须部署一个全球时钟来同步网络中所有设备的时间[77][78],这样会导致较低的资源使用效率。SDN 系统可以利用控制平面将探测包或 OpenFlow 消息注入数据平面,确定控制器的路径延时,完成延时监测。但是,由于 SDN 交换机在处理数据包、探测包和 OpenFlow 消息时的异步行为会引起系统误差,而 SDN 控制器的性能波动会引起测量误差[79]-[81],所以在低延时 SDN 系统实现高精度延时测量难度很大。系统误差和测量误差在本书中分别指由测量方法本身和其他方面产生的误差。SDN 系统可以增加每个探测数据包在被测路径上的循环次数来提高测量精度,但该方法会产生大量的额外负载,从而影响网络性能和可扩展性[82][83]。此外,一些现有测量方法使用带时间戳的数据包作为探测包对延时进行测量,可能造成正常路由或测量失败[80]。因此,为低延时网络提供一个准确、高效、持续的延时监测方法非常具有挑战性,本书第 5 章具体讨论该挑战的应对方法。

1.3　本书的主要贡献

本书第 2 章提出了一个新型的事件协调系统(Event Coordination System, ECS)和一个可扩展的平面分布式控制平面(Distributed Control Plane, DisCon)。DisCon 使用 ECS 来实现高效的事件重放(event replaying),保持多个全局网络视图副本的最终一致性。与目前提出的唯一能在控制器间保持最终一致性的分布式控制平面 SCL[26]相比,DisCon 可以提供更低的流设置延时和更高的全局网络视图更新率,具有更好的扩展性,能够管理更大规模的 SDN 系统。

本书第 3 章将第 2 章提出的 DisCon 扩展成一个高效率的分布式网络管理程序(Distributed and efficient Network Hypervisor,DeNH),以实现 SDN 系统的虚拟化。DeNH 利用第 2 章提出的 ECS 实现高命中率(cache hit rate)的映射表缓存,减少 DeNH 产生的额外延时。DeNH 还直接使用转发到控制平面的流数据包进行流量信息统计,减少了控制平面和数据平面的资源开销。我们的研究表明,DeNH 是目前首个具有低流设置延时,且支持控制器直接使用转发到控制平面的数据包进行流量信息统计的分布式网络管理程序。

本书第 4 章通过优化大规模 WA-SDN 系统的通用控制器放置问题(Generic Controller Placement Problem,GCPP),最小化控制器到交换机之间的延时、控制器到控制器的延时,以及控制器间负载的不平衡。第 4 章还将粒子群优化(PSO)[85]技术融入基因算法的变异算子,扩展了主流的多目标基因算法(NSGA-II)[84],为 GCPP 提供了高质量的近似解。第 4 章还对扩展后的多目标基因算法大规模 WA-SDN 系统上求解 GCPP 的准确性进行了评估。第 4 章的工作不仅对不同结构的控制平面的控制器的放置问题进行建模,还是对大规模 WA-SDN 系统的控制器的组织和放置进行联合优化的首次尝试。

本书第 5 章提出一种新型的延时监测方法 LLDP-looping,通过控制平面向数据平面持续注入链路层发现协议(LLDP)数据包来确定交换机之间的延时。研究表明,LLDP-looping 是目前唯一一个无须部署额外专用基础设施、消耗额外流表资源,又能够持续、高效且准确地监测低延时 SDN 系统的所有路径延时的延时监测解决方案。

1.4 本书的组织结构

如图 1.4 所示,本书第 1 章在对相关的研究和背景做简单介绍后,引出 SDN 控制平面的可扩展性问题;第 2 章和第 3 章分别介绍非虚拟化 SDN 系统

和虚拟化 SDN 系统如何增强分布式控制器可扩展性方面的工作;第 4 章研究
WA-SDN 系统分布式控制器的放置问题;第 5 章介绍低延时 SDN 系统中延时
测量的准确性和可扩展性;第 6 章是对本书研究工作的总结和展望。

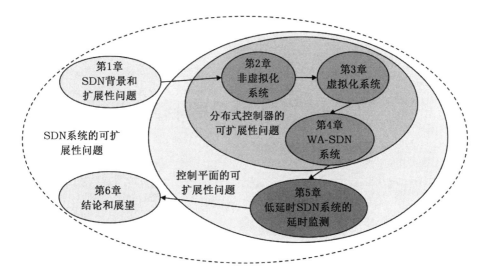

图 1.4　本书的组织结构

第 2 章

❧

可扩展的分布式控制平面

大规模 SDN 系统往往需要一个包含多个控制器的分布式控制平面对流量进行管理。这种情况下,SDN 系统通常被分割成多个网络分区,每个分区内的交换机直接连接一个控制器,由该控制器管理分区内的流量。通过轮询交换机和链路的状态,单个控制器可以直接构建分区的局部拓扑结构,但很难获得整个网络的拓扑结构(全局网络拓扑)。虽然当前的 OpenFlow 协议允许一个交换机连接多个控制器,但这种方式会使控制信息成倍增加,更适合需要高可靠性和高可用性的网络,不能保证网络的性能和可扩展性。

维护全局网络拓扑是 SDN 系统能够支持全局网络应用的关键,常见的全局网络应用包括 QoS 路由[88]、链路负载平衡[89]和虚拟网络全局匹配(将虚拟网络在全网范围内进行匹配)[109]等。分布式控制平面可以采用多种方法构建全局网络拓扑结构的副本[21]−[26]。当分布式控制平面只维护一个全局网络视图副本时,该副本可以是集中式的,也可以是分布式的。只具备一个集中式全局网络拓扑副本的分布式控制平面,网络存在潜在的性能"瓶颈"和单点故障,因为该拓扑副本数量唯一且物理上集中[25]。具有分布式全局网络拓扑副本的分布式控制平面可以避免成为网络的性能"瓶颈",但如果副本数量唯一,该副本将会是网络的单点故障,此外,一些流可能会从位于远程控制器的全局网络拓扑检索信息,导致流设置延时增大,恶化网络性能[22]。通过拥有多个分布式全局网络拓扑副本,分布式控制平面可以提供较低的流设置延时,同时避免成为网络性能"瓶颈"和单点故障[21]-[23][24][26]。但是,拥有多个全局网络拓扑副本需要保持副本之间的一致性,从而使多个物理上分布的控制器能够在逻辑上集中[21]-[23][24][26]。

现有的文献提出了一些具有多个全局网络拓扑副本的分布式控制平面,这些解决方案往往依靠共识机制来实现副本之间的强一致性[21]-[24]。在分布式控制平面中,共识机制通常需要从控制平面所有活动的控制器中选出一个作为领导者,让这个控制器决定拓扑事件的发生顺序[26]。这种机制可以确保发生在任何一个控制器的拓扑事件被复制到大多数控制器,且只有在复制动作完成之后,控制平面的控制器才会对该事件进行响应。共识机制因此保持多个副本的强一致性,并确保在大多数副本收到更新请求之前,该请求不会被处理,相关的信息不会被更新[22]-[24][26]。

但是,最新的研究发现,保持副本之间的强一致性降低了控制平面的效率,原因在于:共识算法的实现难度大,增加了控制器的复杂性;共识算法增大了拓扑事件的收敛延时[26][86][87]。共识机制通常基于强一致性,在控制平面应用强一致性存在理论缺陷。现有基于强一致性的共识机制主要为分布式数据仓库设计,用于保证数据在复制到多节点后的一致性。由于一个普通的分布式系统通常包含多个节点,每个节点数据的更新没有重复性,即当一个更新在某个节点上失败时,该更新将永远不会在该节点上完成。因此,在所有节点对一个更新达成共识之前,不应该对该更新进行任何响应[26]。但是,分布式控制平面不是一个普通的分布式系统,分布式控制平面管理的网络链路和交换机的状态是定期更新的,所以,分布式控制平面中的拓扑更新具有重复性。如果控制平面的某些控制器未能在一次更新中将一个拓扑事件收敛到它们的副本,那么成功收敛下一批的拓扑事件就能将上次更新的失败完全掩盖,不会对当前的全局网络视图产生任何负面影响。这与路由信息协议(Routing Information Protocol,RIP)非常相似。RIP 使用用户数据报协议(User Datagram Protocol,UDP)在相邻的路由器之间广播 RIP 通告。UDP 只提供不可靠的数据传输,不能保证每个 RIP 通告被正确送达,但由于 RIP 通告会周期性重复广播,因而某一轮广播导致的潜在不一致性会被后面的定期广播所覆盖[90]。在我们的网络场景中，不同控制器上拓扑副本被持续更新，多个拓扑副本不需要保证每次拓扑更新都达成共识，但最终还是会达成一致。换句话说，在分布式控制平面中，使用共识算法来保证全局网络拓扑副本之间在任意时刻的强一致性是不需要的，就算多个全局网络拓扑副本之间在某一时刻不一致，也会在后面的更新中得到修复，达到最终的一致性。因此，本章把控制平面的每个控制器最终收敛到相同的全局网络拓扑定义为分布式控制平面具有最终一致性。

所以，本章首先弱化了控制器之间的强一致性，然后提出一个新颖高效的 ECS，通过高效的事件回放和控制平面中拓扑事件的及时同步，为分布式控制平面构建最终一致的拓扑副本。SCL[26] 是当前研究提出的唯一一个具有最终一致性的分布式控制平面，SCL 在交换机和控制器之间增加一个代理，该代理将事件记录在文件，并在控制平面内对该文件进行复制，以构建多个最终一致的全局网络拓扑副本。与 SCL 不同，ECS 被集成在控制器中，以实现更紧凑有效的控制器设计。

由于 ECS 没有在现有流设置过程中增加额外环节，所以不会增大单个控制器已有的流设置延时。在一个没有丢包的理想网络中，ECS 利用 Corosync Cluster Engine(CCE)[92] 在控制平面中及时组播每个控制器收到的拓扑事件，而 SCL 则依靠八卦协议在控制器之间定期广播日志文件，ECS 实际上还缩短了两个拓扑副本之间的临时不一致性，降低了不同控制器给交换机提供冲突信息的可能性，因为网络中出现冲突拓扑信息的可能性非常低[26]，真实的网络拓扑信息经采样后得到的更新信息出现冲突的概率会更低，同时，ECS 的实现和部署也不需要专门的服务器或升级交换机软件，而 SCL 有这个需要。

本章通过在 DisCon 控制器上重放拓扑事件，保证所有拓扑副本的最终一致性。本章致力于探索提高可扩展性的机制，讨论影响最终一致性的主要因素，并对拓扑副本之间的潜在不一致性进行评估。本章所提方法的有效性已通过实验验证，实验结果表明，DisCon 比 SCL 具有更低的流设置延时和全局网络拓扑副本之间的临时不一致性。

本章的主要贡献：一是提出一个新颖的事件协调系统，利用该系统构建一个高效的事件重放系统，在控制平面构建多个最终一致的全局网络拓扑副本；

二是对具有该事件重放系统的分布式控制平面进行原型实现,提高了控制平面的可扩展性。

2.1　相关工作综述

2.1.1　控制平面与一致性机制

NOX[12]是第一个公开发表且可用于第三方网络应用开发的单控制器平台。分布式控制平面可分为层次式和平面式两种解决方案,这两种方案均可构建网络的拓扑结构。如表 2.1 所示,Kandoo[25]是层次分布式解决方案的代表,Onix[22]、OpenDaylight[21]、ONOS[24]、HyperFlow[23]、SCL[26]和本章所介绍的DisCon 是平面分布式控制平面解决方案。

表 2.1　　　　　　　　　分布式控制平面解决方案的比较

解决方案	类型	拓扑构建方法	拓扑副本	一致性	一致性机制
DisCon	平面	事件重放	多个	最终	周期广播拓扑更新事件
SCL[26]	平面	事件重放	多个	最终	重复八卦日志文件
HyperFlow[23]	平面	事件重放	多个	强	分布式日志文件
ONOS[24]	平面	分布式数据仓库	多个	强	强一致性协议
OpenDaylight[21]	平面	分布式数据仓库	多个	强	强一致性协议
Onix[22]	平面	分布式哈希表	多个	强	强一致性协议
Kandoo[25]	层次	根控制器	多个	无	无

分布式控制平面可以维护一个集中的全局网络视图、一个分布式全局网络视图,或者多个分布式全局网络视图副本。在 SDN 系统中,全局网络视图包括全局网络拓扑、全局网络统计信息及全局网络状态信息等。当分布式控制平面维护多个全局网络视图副本时,副本之间需要保持强一致性或者最终一致性。Levin 等[91]研究了一致性的设计以及一致性对网络可扩展性和可用性的影响。当前研究所提出的大多数分布式控制平面保持了多个全局网络视图副本之间

的强一致性,但文献[26]、[86]、[87]发现,弱化多个控制器之间的强一致性可以获得更大的网络可扩展性和可用性,本章提出的 DisCon 遵循了这样的策略。

除了控制平面内部的一致性,控制平面和数据平面之间也存在一致性问题。例如,由于拓扑变化随时可能发生在数据平面,而控制平面通过定时接收来自数据平面交换机和链路的状态,更新其构建的全局网络拓扑,因此,由控制器构建的全局网络拓扑与数据平面所代表的真实网络拓扑存在暂时不一致的可能性。就算我们让交换机主动报告网络拓扑结构的变化,并使用传输控制协议(TCP)来确保这些变化被可靠地传递给控制器,也无法避免从交换机向控制器发送这些变化所造成的延时,该延时导致数据平面中突发的拓扑结构无法被实时报告和更新。虽然许多传统的 CCN 并不依赖全局网络拓扑进行路由(例如,采用 RIP 路由协议的网络不需要构建全局网络拓扑),但采用 OSPF(Open Shortest Protocol First)路由协议的网络则需要对网络拓扑进行预先配置,并假设拓扑是静态的且不随事件发生变化[90],但是,SDN 系统高度依赖全局网络拓扑进行路径的选择和优化流量。由于计划外的拓扑变化通常由网络故障引发,网络管理人员会极力避免网络故障发生,因此计划外的拓扑变化实际上概率不大,但目前尚未对两类拓扑结构之间的暂时不一致可能对网络造成的影响进行研究。

SDN 系统在数据平面内部也有一个一致性更新的问题[91][92]。不管控制平面是集中式还是分布式,或者分布式控制平面的控制器之间保持强一致性还是最终一致性,该问题都存在[91][92]。该问题由交换机的流表项与网络更新的同步性所引发,目的是减少相关交换机之间的状态不一致,以提高网络的可用性。单纯保持控制器之间的强一致性,并不能保证网络运营商和用户在网络上正确执行所需的网络配置、管理或优化策略[91][92],所以实际网络中仅实现控制器间的强一致性也许意义并不大。

2.1.2 全局拓扑的构建方法

现有的分布式控制平面解决方案主要采用以下 4 种方法构建全局网络拓扑:①根控制器,②分布式哈希表,③分布式数据仓库(Data Store,DS),④事件重放系统。分布式控制平面可以维护集中式、单个分布式,或者多个分布式全局网络拓扑副本。层次分布式控制平面通常使用方法①,即仅在根控制器维护一个集中的全局网络拓扑[25]。由于全局网络拓扑唯一且集中存储在根控制器上,所以不存在一致性问题。平面分布式控制平面可以使用方法②、③和④来构建一个或多个分布式全局网络拓扑副本。当控制平面只维护一个分布式全局网络拓扑时,不存在一致性问题,但存在可扩展性问题,因为当生成流表项所需的全局拓扑信息需要从远程控制器获取时[22],控制器的流设置延时会变大,降低了控制器的流设置率也就是网络的可扩展性。如果控制平面通过共识机制构建多个具有强一致性的分布式全局网络拓扑副本,由于保证强一致性的共识机制通常会增加控制器处理请求产生的延时[24],所以强一致性对网络的可扩展性并不友好。对于采用方法④的平面分布式控制平面,如 HyperFlow、SCL和本章提出的 DisCon,该类方案在每个控制器实现了一个事件重放系统,以构建一个分布式全局网络视图的副本。该类系统的可扩展性高度依赖所使用的事件重放系统。事件重放系统有多种实现方法。HyperFlow 将接收到的拓扑事件记录在一个分布式文件中,并在每个控制器上重放该文件所记录的事件。由于 HyperFlow 使用 WheelFS 分布式文件系统来记录拓扑事件,而 WheelFS使用类似于分布式数据仓库的共识机制来确保数据更新的强一致性[94],所以将事件记录到这样的文件系统,可以确保控制平面的每个控制器在任何时候都用相同顺序记录事件,从而保证多个全局网络拓扑副本之间的强一致性。但是,这样的分布式文件系统因为每次写操作都需达成共识[23],延时较大,导致分布式文件系统每秒能完成的写操作数量有限,因此,写入日志文件的拓扑事件的数量也有限。由于写入日志文件的拓扑事件数量代表了控制平面每秒可以重放的事件数量(事件重放率),所以 HyperFlow 的事件重放系统不具备可扩展性。

　　针对该问题,Panda 等人提出了分布式控制平面解决方案 SCL[26]。SCL 在控制平面的每个控制器与其管理的交换机之间(物理上)增加一个代理,该代理代表控制器接收来自交换机的事件,将事件记录到文件中,再通过八卦协议将文件分享给远程的代理,最后由远程代理将接收到的事件通知当地控制器。SCL 在控制平面通过八卦协议分享日志文件,并将写入一个控制器日志文件的事件合并到其他控制器的日志文件中,且允许每个控制器接收相同的事件。由于每次写日志文件时没有达成共识,控制平面中的日志文件保持最终一致性,所以 SCL 比 HyperFlow 的每个控制器每秒能重放更多的事件。但是,SCL 在交换机和控制器之间增加了 LE 这个代理,会增加单个控制器的流设置延时,八卦协议还会增加多个全局网络拓扑副本之间的临时不一致性。鉴于 SCL 的流设置延时和拓扑副本间的临时不一致性还未得到评估,其在系统可扩展性方面的增益尚未明确[26]。虽然在强一致性和最终一致性之间,Aslan 等人[86]和 Sakic 等人[87]提出了控制器之间的自适应一致性模型,允许控制器之间有可调整的一致性窗口,但这些模型尚未针对多个控制器之间的全局网络拓扑进行评估。

作为一个替代方案,DisCon 使用 ECS 来维护具有最终一致性的多个网络拓扑副本。DisCon 没有在交换机和控制器之间增加物理上的代理,而是将 ECS 作为控制器的一个模块整合到控制器中。DisCon 不增加额外的物理器件,现有的事件处理过程可保持不变,并且可以提供比 SCL 更短的流设置延时。由于 DisCon 将接收到的拓扑事件及时组播到所有使用 ECS 的控制器,减少了不同副本间的临时不一致性,因此,DisCon 可以提供比 SCL[26]和 HyperFlow[23]更短的拓扑收敛延时,具备更好的可扩展性。

2.1.3 事件协调服务

Zookeeper[95]和 Accord[96]等事件协调服务可用于分布式控制平面的事件重放。由于 Zookeeper 使用共识协议 Zab[97]来保证多个节点之间的强一致性,所以 Zookeeper 也有类似于分布式数据仓库使用强共识协议所引起的性能和扩展性问题,不能为分布式控制平面高效地重放拓扑事件。与 Zookeeper 不同,Accord 使用 CCE 为分布式系统复制事件。CCE 是一个开源服务,为集群服务提供事件的共享,所有需要共享的事件通过组播的方式在集群节点间保持完全一致的顺序[93]。Accord 能够为分布式控制平面有效地重放事件,但该服务已经停止维护,很少被当前的分布式应用采用。受 CCE 在集群系统中通过消息的组播进行事件共享的启发,本章提出了 ECS,该系统针对分布式控制平面进行了优化,使事件的重放更为高效。

2.2　ECS

　　ECS 是专门为分布式控制平面设计的,目的是在控制器间高效地同步事件。这里所说的控制器是指运行一个控制实体的主机。ECS 通常由多个节点组成,每个节点在一个控制器上运行,对应一个控制实体。每个 ECS 节点由一个服务器进程、一个 CCE 进程、一个数据仓库进程和多个客户端组成。服务器进程和数据仓库进程通常独立于控制实体运行,而 ECS 客户端则被整合到控制实体中。

　　ECS 的典型工作过程是从客户端向服务器发送一个请求开始,到服务器收到、解码和执行请求,并将响应返回客户端后结束。ECS 定义了四种类型的请求:读、写、监视添加(watch add)和监视删除(watch delete)。读请求用于客户端通过服务器进程从数据仓库检索数据,写请求用于客户端通过服务器进程将数据更新到数据仓库中。监视在 ECS 中被定义为一个客户端对存储在数据仓库的特定数据变化的感知。当被监视的数据改变时,系统会发送通知给监视该数据的客户端。所以,监视添加请求用于在系统中注册一个新的监视,监视删除请求则删除系统中一个已注册的监视。图 2.1 描述了包含 2 个节点的 ECS 系统的基本架构,这个 ECS 可用于包含 2 个控制器的分布式控制平面。

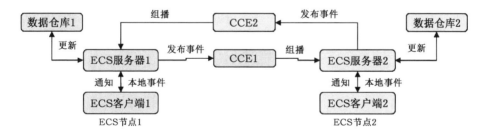

图 2.1　ECS 架构

　　为了有效地在分布式控制平面内复制事件,ECS 提供如下四种关键机制:①新型的写操作,②包含 3 个阶段的请求处理过程,③多通道事件注册/通知系统,④同步写入和异步写入模式。本节分别介绍这些机制,并讨论如何使用它们来实现分布式控制平面的高效事件重放系统。

2.2.1 新型的写操作

ECS 的写操作包含三个子操作：组播、通知和更新。当 ECS 服务器进程接收到一个写请求后，首先通过 CCE 进程将该写请求在整个控制平面内进行多播，然后在本地执行该写请求，对本地数据仓库的相关内容进行更新。如果需要更新的数据已被本地客户端注册监视，ECS 服务器进程会向该客户端发送一个通知，告知该客户端监视的内容被更新。这里所说的本地是指在同一个控制器上运行的实体。

2.2.2 包含三个阶段的请求处理过程

ECS 通过一个包含三个阶段的请求处理程序提高写入性能，即 ECS 服务器进程分接收请求、处理请求和发送响应这三个阶段来处理客户端发送的请求。如图 2.2 所示，ECS 服务器进程实现了一个多线程结构，该结构在处理请求阶段使用三个工作线程，其中接收请求和发送响应阶段只使用一个工作线程。在处理请求阶段，三个工作线程分别用于写子操作、组播子操作和通知子操作。其他类型的请求并不包含组播子操作和通知子操作，用于这两个子操作的线程将处于空闲状态。考虑到当前的控制器主机通常使用多核 CPU，这种三个阶段的请求处理过程大大降低了 ECS 服务器进程写操作的延时（写入延时），增加了每秒能完成的写操作总数（写入速率）。

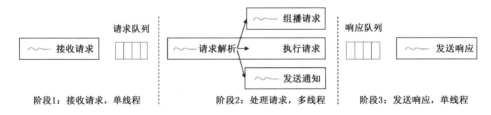

图 2.2　包含三个阶段的请求处理过程

在接收请求和发送响应的阶段只使用一个线程，而在处理请求阶段，一个单独的线程负责一个写操作的子操作，在请求队列和响应队列长度无限制的理想状况下，该三个阶段的请求处理过程能够保证先收到的请求先被执行、组播和通知到 ECS 实体的先到先服务的固定顺序。由于每个写操作都利用 CCE 进行组播,而 CCE 是一个集群引擎,能够确保集群节点间消息组播顺序的一致性[93],因此,ECS 多个节点的写操作都以一致的顺序被执行、组播和通知。

保持这种顺序的一致性通常可以减少由于 ECS 而产生的两个控制器之间的临时不一致性。尽管一个 ECS 节点到另一个 ECS 节点组播消息产生的延时,以及数据包在 DisCon 或/和 ECS 的相关缓存队列可能被丢弃,从而引发两个控制器间的不一致,但这种不一致可以通过定期更新交换机和链路的状态来恢复。因此,分布式控制平面中多个全局网络拓扑副本具有最终一致性。

2.2.3　多通道事件注册和通知系统

事件注册和通知系统用于监视数据仓库的信息更新,当客户端的监视信息被更新时,该系统向客户端发送通知,客户端无须对数据仓库进行轮询。从 ECS 服务器进程的角度来看,数据仓库中某个数据的更新可通过本地写请求或远程写请求触发。针对一个 ECS 服务器进程,本地写请求指由本地客户端发出的写请求,对本地控制器的数据仓库进行数据更新;远程写请求指的是通过 CCE 从其他 ECS 服务器组播过来的写请求,不是本地客户端发出,本地客户端对该写请求并不知晓。

由于嵌入了本地 ECS 客户端的本地控制器并不知晓远程写操作对本地数据仓库进行的更新,所以,事件注册与通知系统可以通过发送数据被远程写操作更新的通知,使本地 ECS 客户端了解远程写操作对本地数据仓库进行的更新,具体如下:ECS 服务器进程需要维护一个被监视数据的列表,ECS 客户端首先通过监测添加请求对需要接收通知的数据进行注册。数据仓库以<键,值>对的方式存放数据,监视添加请求实际将存储在数据仓库的数据的键添加到 ECS 服务器进程维护的监视列表中。对于每个接收到的写请求,ECS 服务器进程都会确认需要更新的数据的键是否在监视列表中。如果在列表中,ECS 服务器进程生成一个包含需要更新数据的通知,并将通知发送到客户端。这样,客户端无须对数据仓库进行轮询,就能感知到远程写请求对数据所做的更新,大大减少了客户端和客户端所处的控制实体之间的开销。

该事件注册与通知系统拥有多个通道,允许 ECS 服务器进程维护多个观察列表,每个监测列表收集一部分注册数据,以减少每个监测列表的长度,降低

ECS 服务器进程搜索观测列表、确定数据是否被注册的延时,最终降低写入延时。由于每次写入操作都会将一个拓扑事件更新到全局网络拓扑的一个副本,所以,较低的写入延时意味着较高的写入速率,即每秒可以完成更多拓扑事件的更新,也就是较大的事件重放率和较好的网络可扩展性。该事件注册与通知系统还可以设定每个通道所维护的最大写入操作数,避免每个通道消耗过多的带宽。

2.2.4 异步写入模式

ECS 支持同步写入和异步写入两种模式。同步写入指后一个写请求必须在前一个写请求的三个处理阶段完成后才能发出,而异步写入则允许后一个写请求在前一个写请求进入请求队列后即可发出。显然,异步写入比同步写入具有更大的写入速率。通过支持异步写入,嵌入 ECS 客户端的控制实体每秒能够向 ECS 服务器进程推送更多的拓扑事件,支持更大规模网络的拓扑更新。

2.3 事件重放系统

利用上述机制,ECS 可以为分布式控制平面提供一个高效的事件重放系统。本节讨论 ECS 如何被用于拓扑事件重放,以构建分布式控制平面中的全局网络拓扑。

一般来说,分布式控制平面的每个控制器都有一个拓扑发现模块,定期轮询交换机和链路的状态,构建该控制器直接管理的网络分区拓扑(也称为本地拓扑)。我们将 ECS 客户端集成到该拓扑发现模块中。考虑一个具有分布式控制平面的 SDN 系统,该分布式控制平面包含多个集成 ECS 客户端的控制器,每个控制器管理一个网络分区。对于一个网络分区,直接对其进行管理的控制器称为本地控制器,控制平面中的其他控制器称为远程控制器。每个控制器的拓扑发现模块定期从其分区内的交换机接收拓扑事件(也称为本地拓扑事件),并根据这些事件对本地网络拓扑进行更新。为了使这些本地拓扑事件能够被控制平面的远程控制器重放,更新远程控制器的拓扑结构来构建全局网络拓扑,本地控制器拓扑发现模块首先通过本地 ECS 服务器进程将本地拓扑事件写入本地数据仓库。每个写操作都被组播到其他 ECS 服务器,本地事件也被组播到其他 ECS 服务器,并写入这些控制器的数据仓库。对于一个 ECS 服务器进程,通过组播而来的写操作是远程写操作。当每个集成到拓扑发现模块中的客户端对所有远程写请求维护的数据进行更新监测时,所有远程写操作所做的更新会同步到控制平面所有控制器的数据仓库,并通知集成到这些控制器的拓扑发现模块的 ECS 客户端。由于每个通知都包括需要更新的数据,而在这里每个更新的数据就是一个拓扑事件,所以,最新的拓扑事件被通知给所有这些控制器的拓扑发现模块。通过这样的方式,一个控制器收到的拓扑事件可以被控制平面其他所有的控制器重放,即该事件重放系统在每个控制器上完成了全局网络拓扑的构建和维护。

由于每个 ECS 服务器进程独立处理写请求,多个 ECS 服务器进程之间没有针对写请求达成共识,因此,ECS 不能保证多个控制器之间的强一致性。但是,因为反映网络最新拓扑状态的拓扑事件被定期轮询,任何由于前一波拓扑事件的失败更新产生的不一致性,都会通过后续一波拓扑事件的成功更新得到恢复,所以,在分布式控制平面中使用 ECS 重放拓扑事件可以保持拓扑副本之间的最终一致性,不依赖可靠的数据传输协议或无限长度队列。更重要的是,由于 ECS 中每个收到的拓扑事件都被及时组播和重播,两个副本之间暂时不一致的可能性被降低。所以,网络中可能出现的不正确行为,如路由循环或黑洞[86][87],以及由于这种不一致所引起的不正确的流表项的概率也会降低。在采样的网络拓扑结构下,产生这种不一致的可能性被证明非常小[26]。即使这种小概率事件确实发生,由于每条流表项有设置超时时间,它们也可以通过流表项的失效和重新设置来恢复。

2.4　分布式控制平面解决方案

基于 ECS,我们使用 NOX 对 DisCon 进行了原型设计,选择 NOX 是为了利用其成熟的功能实现快速的原型开发。如图 2.3 所示,DisCon 由一个管理模

块和几个控制实体组成。管理模块供网络管理员配置控制器并对其状态进行
监控。每个 DisCon 控制实体包含一个 OpenFlow 消息处理模块、一个交换或
路由模块,以及一个拓扑发现模块。OpenFlow 消息处理模块负责处理控制器
和其管理的交换机之间的交互。每个 DisCon 控制实体将 ECS 客户端集成到
OpenFlow 消息处理模块中,但独立运行 ECS 服务器进程、CCE 进程以及 DS
进程。每个集成了 ECS 客户端的 OpenFlow 消息处理模块都可以使用 ECS 对
事件进行重放。

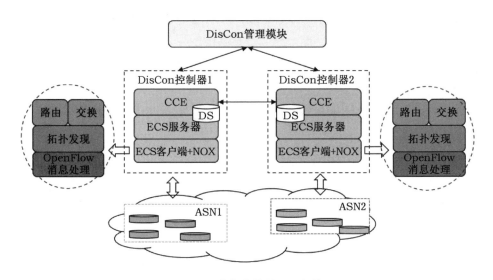

图 2.3　分布式控制平面架构

2.4.1　成员管理和健康监测

管理模块是一个独立于 DisCon 实体的进程,在运行 DisCon 实体的控制器
上运行。管理模块提供了一个图形用户界面,方便管理员为 DisCon 成员控制
器分配交换机。DisCon 为每个成员控制器预先分配交换机,以列表的方式送入
每个成员控制器。每个 ECS 服务器进程通过成员控制器获得该列表,并写入本
地数据仓库保存。该写入请求通过组播的方式发送到 DisCon 的其他成员控制
器,并通过这些控制器上运行的 ECS 服务器进程,将该分配列表更新到所有成
员控制器的数据仓库中。这样,每个 DisCon 成员控制器在初始化过程中,可以
通过集成到本地控制实体的 ECS 客户端发出读请求,读取分配列表并对所管理

的交换机进行必要的初始化处理。DisCon 还允许每个成员控制器对其管理的交换机进行监测。每当交换机分配列表被更新时,成员控制器会通过事件注册及通知系统及时收到更新通知。我们可以使用不同事件注册/通知通道来实现不同种类更新的重放,避免交换机分配列表的更新影响拓扑事件的重放,降低构建全局网络拓扑的综合性能。

同样,为了监测控制器的健康状况,控制器的心跳信息被定期收集,并通过一个集成的 ECS 客户端写入数据仓库。这些写入操作再通过 ECS 服务器向其他成员控制器进行组播,最后使控制平面上的每个成员控制器同时具有自己和其他控制器的心跳信息。通过这些心跳信息,运行在 DisCon 控制实体的健康监测模块可以调整活动控制器的数量和负载。这类调整策略也可以通过 ECS 服务器进程写入本地数据仓库并更新到远程数据仓库。当这些存储在数据仓库的策略被控制器监测时,这些策略的更新会通知到每一个成员控制器,无须消耗控制器资源进行轮询。同样,我们也可使用专门通道用于心跳信息事件的注册和通知,以实现成员管理与健康监测功能与其他功能的逻辑隔离。

2.4.2 构建全局网络拓扑

DisCon 的每个成员控制器可通过前文介绍的方法对拓扑事件进行回放,实现全局网络拓扑的构建和维护,具体方法如下:DisCon 利用 NOX 提供的拓扑发现模块,定期轮询网络链路和交换机状态,并将所有状态信息汇聚到一个描述网络拓扑的数据结构中[113]。每个成员控制器直接接收自己管理的网络分区交换机产生的本地拓扑事件,所以每个成员控制器可以直接构建自己分区的局部网络拓扑。由于每个成员控制器的拓扑发现模块集成了 ECS 客户端,每个成员控制器的本地 ECS 服务器进程可以将本地拓扑事件写入本地数据仓库,再让每个 DisCon 成员控制器监测其他成员控制器收到的拓扑事件(远程拓扑事件),每个成员控制器的本地拓扑事件被组播到控制平面的其他控制器并进行重放,因此,每个成员控制器可以构建其他成员控制器所管理分区的拓扑,再通过将其管理的网络分区的拓扑与其他网络分区的拓扑进行聚合,每个 DisCon 控制器最终构建了整个网络全局网络拓扑。

DisCon 定义了 6 种拓扑事件,并用事件的类型和控制器的 IP 地址作为每个拓扑事件的键,如表 2.2 所示。给定一个网络,假设该网络有 m 台交换机和 n 个 DisCon 成员控制器,那么每台交换机在一个轮询期间产生每类拓扑事件 1 个,共 6 个拓扑事件,整个网络产生 $6m$ 个拓扑事件。如果每个 DisCon 成员控制器管理 m/n 台交换机,那么每个 DisCon 成员控制器将通过 ECS 接收 $6m/n$ 个本地拓扑事件和 $6m(1-1/n)$ 个远程拓扑事件。当一个成员控制器接收的所有远程拓扑事件都使用一个事件注册及通知通道进行管理时,那么每个成员控制器的 ECS 服务器进程需要维护一个长度为 $6m(1-1/n)$ 条记录的监测列表。由于一个网络往往 m 大于 n,导致该监测列表过长,监测事件的查询延时过大,ECS 本身的写入延时也过长。但是,我们可以让同一个控制器收到的同一类型的拓扑事件具有相同的键,那么这些同类事件就会被存储在数据仓库的同一记录中,数据仓库中拓扑事件的记录总数减少为 $6n$,其中 $6(n-1)$ 为远程拓扑事件。当每个控制器使用一个通道监测所有的远程拓扑事件时,监测列表的长度可以减少到 $6(n-1)$,当用一个单独通道来管理具有相同键的事件时,监视列表的长度将减少到 $n-1$。减少监视列表长度可以降低 ECS 的写入延时,提高 ECS 的写入速率,从而增大 ECS 的事件重放率。由于交换机产生的拓扑事件的总数和对数据仓库进行更新的总次数保持不变,ECS 和数据仓库的开销也保持不变,但数据仓库用于存储拓扑事件的总空间消耗减小,且数据仓库中存储拓扑事件的每条记录的更新频率会增大。

表 2.2   **存储在数据仓库的拓扑事件**

键	值	数据量(字节)
控制器的 linkadd/ip	src dpid, dst dpid, src port♯, dst port♯	20
控制器的 linkremove/ip	src dpid, dst dpid, src port♯, dst port♯	20
控制器的 portadd/ip	dpid, port♯	10
控制器的 portleave/ip	dpid, port♯	10
控制器的 dpjoin/ip	Dpid	8
控制器的 dpleave/ip	Dpid	8

2.4.3 新流的设置和转发

DisCon 直接重用了 NOX 的交换模块,不做任何修改。DisCon 的路由模块也基于 NOX 的简单路由模块,但集成了 ECS 客户端,以便访问由拓扑发现模块维护的全局网络拓扑,并为每个到达的流计算最短路径。

2.5　评估

由于每个 DisCon 成员控制器将接收到的每个拓扑事件写入数据仓库,并通过 ECS 服务器进程将本地拓扑事件组播给其他成员控制器,以便其他成员控制器重放拓扑事件,所以,ECS 的写入延时决定了 DisCon 的事件重放延时,ECS 的写入速率决定了 DisCon 的事件重放速率,而 DisCon 的事件重放延时和速率进一步决定了可管理网络的规模,以保证 DisCon 能快速更新网络的全局拓扑。这里所说的快速更新,是指交换机在一个轮询周期内产生的所有拓扑事件能够在该轮询周期内被收敛到全局网络拓扑。

2.5.1　ECS

为了评估 ECS 的写入性能,我们使用测试平台的三台 2-CPU 的服务器,每台服务器运行一个 ECS 服务器进程,构成一个有三个实体的 ECS。我们还使用测试平台的一台 4-CPU 的服务器来运行一个 ECS 客户端,该客户端不断向 ECS 服务器进程发送写入请求。由于客户端每秒发送的请求数大于 ECS 服务器进程每秒可处理的请求数,因此,每秒成功完成的平均写操作次数代表了 ECS 的写入速率。

图 2.4(a)显示了 ECS 在数据仓库没有任何数据被监视且每次写入更新的数据量不同时,异步写入和同步写入的写入速率。显然,ECS 的写入速率随着写入数据量的增加而下降,因为操作更大的数据量需要花费更长的时间来完成请求的解析、数据仓库的更新和响应的发送。因此,在当前的 DisCon 实现中,我们将写入数据仓库的每个拓扑事件的数据量减少到 50 字节以下,以确保 ECS 提供一个较大的写入速率。由于异步写入允许当前写请求进入缓冲队列后立即发出新的写请求,而同步写入必须先完成当前写入操作,然后才能发出新的写请求,所以异步写入速率比同步写入速率大很多。因此,当前 DisCon 的实现使用异步写入,以

便将更多的拓扑事件及时发布到 ECS 服务器进程和组播给其他控制器。

我们进一步测量了带监视的写入性能,每次写 50 字节数据,如图 2.4(b)所示。监视列表中的一条记录代表存储在数据仓库中的一个拓扑事件被客户端所监视。显然,带监视的 ECS 的异步写入速率比同步写入速率大。虽然监视列表的长度不影响 ECS 的同步写入速率,但 ECS 的异步写入速率随着监视列表长度的增加而下降。当列表包含的记录数大于 100 时,异步写入性能下降明显,原因在于一个包含 100 条以上记录的监视列表会大大增加在列表中查找一个监视记录的时间,从而导致更大的写入延时。相比之下,同步写入速率的下降可以忽略不计,因为与巨大的同步写入延时相比,监视列表长度的增加所产生的延时很小(见下面的评估)。为了迅速将接收到的拓扑事件传播给控制平面的其他控制器以构建全局网络拓扑副本,DisCon 需要 ECS 提供一个较大的写入速率,因此,DisCon 将 ECS 设置为异步写入模式。

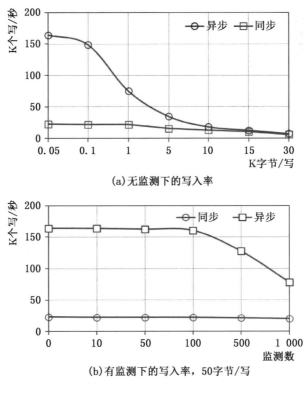

(a)无监测下的写入率

(b)有监测下的写入率,50字节/写

图 2.4　ECS 的写入性能

　　根据本章 2.4.2 节的分析,给定一个由 n 个 DisCon 控制器组成的控制平面,使用 1 个或者 6 个事件注册及通知通道来重放拓扑事件会导致监测列表分别包含 $6(n-1)$ 或者 $n-1$ 条记录。在不影响事件重放率和延时的前提下,如果使用 6 个事件注册及通知通道来重放拓扑事件,且让每个事件注册及通知通道最多管理 100 个监测,根据公式 $n-1=100$,DisCon 需要扩展到 101 个控制器;如果仅使用一个事件注册及通知通道,根据公式 $6(n-1)=100$,DisCon 只能被扩展到 17 个控制器。在这个意义上,使用多个事件注册及通知通道来重放事件可增强 DisCon 的可扩展性。

　　ECS 中,一个阶段只有一个线程用来处理一个请求或者写入请求的写子操作,ECS 的写入延时可以直接用写入速率的倒数来表示。图 2.5 给出了在监测列表长度变化时对应的写入延时,每个写入只更新 50 字节的数据。显然,当监测列表的监测数少于 100 时,同步写入延时约为 45us,异步写入延时小于 14us。

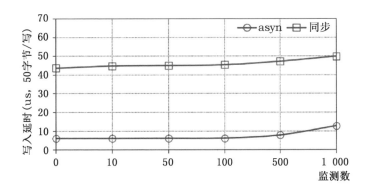

图 2.5　监测列表长度变化时的写入延时

　　我们还测试了包含不同节点数的 ECS 写入速率和写入延时,结果如图 2.6 所示,当改变 ECS 的节点数量时,写入速率和写入延时没有大的变化,意味着改变控制器的数量不会明显改变 ECS 的事件重放率和延时,主要原因在于 ECS 对各节点的操作无须达成共识。

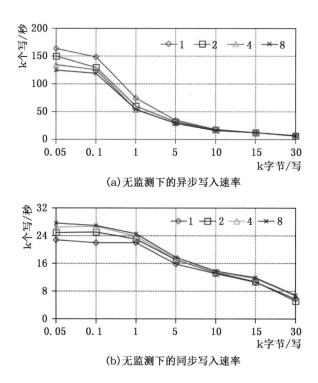

(a)无监测下的异步写入速率

(b)无监测下的同步写入速率

图 2.6　ECS 包含不同节点数时对应的写入速率

2.5.2　事件重放率

由于每个 DisCon 控制器通过 ECS 服务器进程将接收到的拓扑事件异步写入本地数据仓库,并监测所有接收到的远程拓扑事件以构建全局网络拓扑,所以 ECS 在监测远程拓扑事件时的写入速率和写入延时分别是 DisCon 的事件重放率和更新延时。由于 DisCon 将写入数据仓库的每个拓扑事件的数据量减少到 50 字节以下,并且将监视列表包含的监视数减少到 100 以下,所以我们用 100 个监视下每次写入 50 字节数据的 ECS 异步写入速率来代表 DisCon 的事件重放率,如图 2.4(b)所示。

提供大事件重放率对 DisCon 至关重要,因为一个控制器收到的每个本地拓扑事件都会被组播到其他控制器,并通过事件重放系统在这些控制器上及时重放。事件重放率代表了 DisCon 能够传播给其他控制器的拓扑事件数量,因此也代表了 DisCon 能够快速管理网络拓扑的网络规模。

考虑一个具体的拓扑发现程序,其中,用于拓扑发现的 LLDP 数据包首先由 DisCon 控制器注入交换机,洪泛到该交换机的各个端口,然后被转到相邻的交换机。SDN 交换机不为任何 LLDP 数据包配置流表项,相邻交换机接收到 LLDP 数据包后,由于没有匹配的流表项,数据包将被转发到 DisCon 控制器。通过收集所有返回到控制器的 LLDP 数据包,DisCon 控制器可以对网络拓扑进行发现和更新。假设一个网络包含 m 台交换机,每台交换机有 24 个端口,让 DisCon 控制器运行这样的拓扑发现程序,拓扑发现的周期为 1 秒,即控制器每秒轮询一次交换机,那么每秒返回到控制平面的 LLDP 数据包的总数为 $24m$ 个。考虑到控制平面每秒复制 163 000 个拓扑事件,根据公式 163 000 ÷ 24 = 6 791,反推出 DisCon 控制器平面可以管理的网络最多包含 6 791 台交换机,因为 DisCon 没有能力在一个周期内为更多交换机复制拓扑事件。为了使 DisCon 能够重发更多的拓扑事件以便管理更大规模网络,控制平面必须增大其拓扑事件的轮询周期。对比 SCL 将其拓扑发现的轮询周期设置为 30 秒[26],如果我们将 DisCon 的轮询周期增加到 10 秒或者 30 秒,可以使规模增大到 67 910 台或者 203 750 台交换机的网络所产生的所有拓扑事件得到快速重放,以便及时完成全局网络拓扑的发现和更新。

考虑到其他分布式控制平面采用不同方法构建全局网络拓扑,可能没有拓扑事件重放率这个指标,我们分析和比较了可能使用的类似度量指标。如表 2.3 所示,SCL 和 HyperFlow 使用类似的事件重放方法来重放拓扑事件以构建全局网络拓扑。但是,SCL 将拓扑事件记录到日志文件中,并定期通过八卦协议将写入日志文件的拓扑事件在控制平面所包含的控制器上进行传播。设 scl_{logged} 为一个八卦周期内被记录到日志文件的事件数,scl_{gossip} 为八卦周期,那么公式 $scl_{logged}/scl_{gossip}$ 给出了 SCL 每秒能够传播的拓扑事件总数量,也就是一个日志文件每秒可以完成的写入操作数,即日志文件的写入速率。这个写入速率小于 ECS 的异步写入速率,因为 ECS 将数据写到内存,而 SCL 将数据写到硬盘文件。所以 SCL 的事件传播率(事件重放率)比 ECS 低。HyperFlow 也将接收到的拓扑事件记录到文件中,但是 HyperFlow 使用分布式文件而不是普通文件。将事件写入分布式文件意味着在整个控制平面上对该事件进行了传播,分布式文件的写入速率代表了控制平面传播的事件数量,由于每次写入时需要达成共识,且操作的数据量大,所以 HyperFlow 的事件传播率大约仅为 233 次/秒[23]。ONOS 使用分布式数据仓库来存储全局网络拓扑结构,向分布式数据仓库写一个事件意味着在整个控制平面上传播该事件,分布式数据仓库的写入速率代表了 ONOS 每秒可以传播的拓扑事件数量。对于 3 个节点的 ONOS 控制平面,该速率被估计为 7 000/秒[24]。ONOS 的分布式数据仓库可以存储分布式全局网络拓扑的单个或多个副本,而参考文献[24]没有提到具体维护的全局网络拓扑副本数量,保守估计,ONOS 的写入速率等于或小于 7 000/秒。

表 2.3   分布式控制平面的比较

解决方案	控制器数	事件传播率	拓扑更新率	远程事件收敛延时	流设置延时	流设置率
DisCon	2~7	163K	$1/discon_{local}$	$discon_{local} + discon_{spreading}$	short	Large
SCL[26]	3	$scl_{logged}/scl_{gossip}$	$1/scl_{local}$	$scl_{local} + scl_{gossip} + 0.5RTT$	long	small
HyperFlow[23]	—	233	—	$hyperflow_{local} + 4.3ms$	short	Large
ONOS[24]	3	$<=7K$	$<=7K$	$onos_{local} + onos_{consensus}$	short	Large

注: scl_{logged}、scl_{gossip} 和 scl_{local} 分别表示在一个八卦周期内写入日志文件的拓扑事件数量、八卦周期和 SCL 的本地事件收敛延时。

考虑到数据使用的测试平台可能不完全相同,数据不能直接进行比较,我们将在下一节评估 DisCon 的事件收敛延时,将其与其他分布式控制平面的类似指标进行比较。

2.5.3   事件收敛延时

当分布式控制平面具有最终一致的全局网络拓扑副本时,一个拓扑事件需要收敛到其本地控制器的本地拓扑和远程控制器维护的全局拓扑副本。所以,该分布式控制平面存在一个本地事件收敛延时($discon_{local}$)和一个远程事件收敛延时($discon_{remote}$)。远程事件收敛延时大于相应的本地事件收敛延时,因为本地事件收敛延时只包括将拓扑事件收敛到控制器的本地网络拓扑的时间消耗,而远程事件收敛延时是控制器将拓扑事件传播到其他控制器的时间消耗（$discon_{spreading}$）与该控制器的本地事件收敛延时之和。我们简单地用 ECS 的同步写入延时来估计控制器的本地事件收敛延时,因为网络拓扑结构以键值对的方式存储在内存中,更新该拓扑结构与更新内存模式下的数据仓库（也以键值对的方式存储数据）非常相似。我们还用实验测量了一个控制器发出写请求和另一个控制器收到的该写请求的通知之间的时间差,将其作为控制器的远程事件收敛延时。

由于直接测量该时间差需要为两个控制器提供全局时钟,实施难度很大,所以我们使用以下方法:让两个控制实体控制器 1 和控制器 2 在同一台主机上运行,然后使用前文中描述的客户端不断向 ECS 服务器进程发送写请求来模拟控制器 1,运行一个 DisCon 实体作为控制器 2。让控制器 1 不断将接收到的写请求组播给控制器 2,控制器 1 发送的每个写请求带一个时间戳来记录请求的发送时间,控制器 2 监测所有由控制器 1 组播的写操作所维护的数据。计算控制器 1 发送的写请求和控制器 2 收到的相应通知之间的时间差（$discon_{measure}$）,由于控制器 1 和控制器 2 运行在同一台主机上,所以不需要全局时钟。$discon_{measure}$ 不计算写请求从一台主机组播传输到另一台主机的延时,我们测量测试平台中两台计算机的 RTT(0.2ms),并将 RTT/2(0.1ms)加入 $discon_{measure}$ 中,以表示 $discon_{spreading}$。因此,$discon_{remote}$ 最后由 $discon_{measure}+0.5RTT+discon_{local}$ 给出。

图 2.7 给出了当改变 DisCon 控制器数量时,DisCon 的本地和远程拓扑结构收敛延时。显然,DisCon 控制器的数量并不影响该收敛延时,远程和本地拓扑的收敛延时分别为 1.2ms 和 0.045ms 左右。

我们还总结了一些分布式控制平面解决方案的事件收敛延时,如表 2.3 所示,当然运行这些解决方案的网络设施可能与 DisCon 不同。由于 SCL 提供了一个运行在交换机和控制器之间的代理,运行在代理上面的控制器必须从日志文件中查询事件,而不是直接从交换机接收事件,所以,SCL 的本地事件收敛延时是指代理接收到事件和事件收敛到本地拓扑结构间的时间差,而 SCL 的远程事件收敛延时则是指代理接收事件和事件收敛到远程控制器的拓扑结构副本间的时间差。尽管 SCL 没有公布其本地和远程事件收敛延时[26],考虑到 SCL

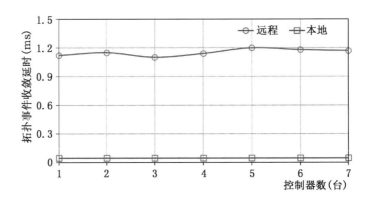

图 2.7 DisCon 的本地和远程拓扑收敛延时

的控制器需要更长的时间来接收拓扑事件（因为代理增加了正常的事件处理过程的额外延时），如果 SCL 与 DisCon 运行在相同配置的主机上，SCL 应该比 DisCon 有更长的本地事件收敛延时，SCL 的远程事件收敛延时应该也比 Dis-Con 长。SCL 的远程事件收敛延时是八卦周期、两个控制器的 RTT 的 1/2 和本地事件收敛延时的总和[26]。由于 SCL 将其八卦周期设置为 1 秒[26]，明显大于 DisCon 的事件传播延时（约 1.2ms），所以 SCL 的远程事件收敛延时比 Dis-Con 大得多。缩短八卦周期理论上可以降低 SCL 的远程事件收敛延时，但运行在更短的八卦周期下的 SCL 的性能尚未经过评估。HyperFlow 和 ONOS 具有多个保持强一致性的全局拓扑副本，每次拓扑更新都必须达成共识，所以本地收敛延时没有实际意义。HyperFlow 的远程收敛延时是 WheelFS 的写入延时（1/233＝4.3 ms）和控制器处理拓扑事件的时间成本（$hyperflow_{local}$）（不考虑将事件写入分布式文件的时间消耗）之和[23]。虽然 ONOS[24] 没有公布其拓扑收敛延时，但其收敛延时可通过没有达成共识的收敛延时加上共识延时（$onos_{consensus}$）来估算，理论上比 SCL 的远程收敛延时要大[26]。

总之，每次更新都需要达成共识，HyperFlow 和 ONOS 有比 DisCon 大的远程收敛延时；SCL 也比 DisCon 的远程收敛延时大，因为 SCL 有较大的八卦周期和对硬盘日志文件的较大写入延时。在这个意义上，我们认为 DisCon 可管理更大规模的 SDN 系统，具有更好的可扩展性。

2.5.4　成员配置和健康监测延时

DisCon 的成员配置和健康监测延时是指 DisCon 从数据仓库中检索或更新交换机分配信息和心跳信息的时间消耗。查询交换机分配信息或心跳信息的延时其实就是 ECS 的读取延时,在我们的实验中,当每次读取 30KB 的数据时,ECS 的读取延时约为 1.2us。更新交换机分配信息和控制器心跳信息的延时可以使用在一个 DisCon 控制器发送的写请求和在另一个控制器收到的写请求通知之间的时间差来估计,使用前文中描述的测量远程拓扑收敛延时的相同方法,该时间差大约是 1.2ms。这意味着交换机的分配信息和控制器的健康状况可以快速复制到控制平面的所有控制器,这样就可以在整个网络上快速部署新的交换机、控制器和策略。

2.5.5　流设置率和流设置延时

本节从测试平台选择 7 个 2-CPU 的服务器,组成一个具有多达 7 个 DisCon 成员控制器的控制平面,并选择测试平台中的一个 4-CPU 服务器来运行多达 7 个 Cbench 实例,每个实例连接到一个 DisCon 控制器;然后在测试平台的另一个 4-CPU 服务器上运行 Mininet,模拟一个有 577 台交换机的树状网络,让 Mininet 和 Cbench 模拟的交换机同时连接到 DisCon 控制器。让 DisCon 运行拓扑发现模块和路由模块,定时轮询该模拟网络的网络拓扑。我们让每个 Cbench 实例模拟 32 台 SDN 交换机,每台交换机在 10 秒内不间断地向其连接的 DisCon 成员控制器发送 packet_in 消息,每秒成功处理的消息总数就是 DisCon 路由模块的流设置率。

该实验允许 DisCon 控制器同时保持与树状网络的交换机和 Cbench 模拟的交换机的连接,以便在树状网络的拓扑结构下测量 DisCon 的流设置率。测量结果如图 2.8(a)所示。我们还让 Cbench 运行在延时模式,即让 Cbench 模拟的每台交换机在收到前一个 packet_in 消息的响应后再发送下一个 packet_in 信息,以便通过累加每秒成功接收到的响应次数,计算出交换机从发送 packet_in 信息到接收其响应的平均延时,即 DisCon 的路由模块的流设置延时,如图 2.8(b)所示。

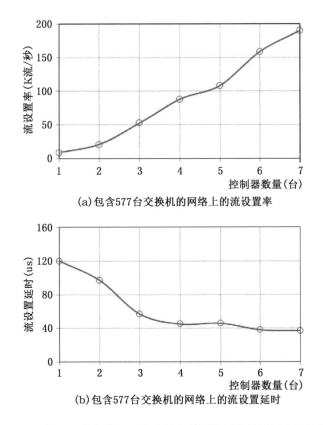

(a)包含577台交换机的网络上的流设置率

(b)包含577台交换机的网络上的流设置延时

图 2.8   DisCon 管理一个包含 577 台交换机的网络时的流设置率和流设置延时

显然,DisCon 的流设置率与控制器的数量几乎呈现线性增长,表明 DisCon 在管理的网络规模不发生变化时,增加成员控制器数量可以减少每个控制器的开销。同时,DisCon 的流设置延时随着成员控制器数量的增加而减少,因为 DisCon 包含的成员控制器越多,每个成员控制器需要管理的交换机数量和开销就越少,流设置延时也相应越低。

尽管表 2.3 中列出的一些控制器解决方案没有公布对应的流设置率,但 HyperFlow 应该与 DisCon 具有相似的流设置率和延时,因为它们使用相同的 NOX 平台且没有代理。如果 SCL 运行代理和 NOX 控制器,应该导致较大的流设置延时和较低的流设置率,因为代理被插入交换机和 NOX 控制器之间,给现有的流设置过程增加了额外的时间开销。ONOS 也应该有较低的流设置延时和较大的流设置率,因为在控制器和交换机之间没有增加代理,但是,SCL、

HyperFlow 和 ONOS 支持的远程事件收敛延时较大。尽管 Onix 目前尚未公布其事件收敛延时,当使用基于全局网络拓扑的路由方式设置流时,Onix 可能只能提供较低的流设置率和较长的流设置延时,因为一些流可能需要从远程控制器查询全局网络拓扑。所以,我们认为 DisCon 是目前唯一一个具有低流设置延时和低事件收敛延时的高效率分布式控制平面解决方案。

2.5.6 讨论

2.5.6.1 不一致性

尽管 DisCon 可以通过较低的流设置延时、较大的事件重放率和较小的事件收敛延时来增强其可扩展性,但该扩展性的增强基于拓扑副本间的最终一致性,也就是说拓扑副本之间可能存在暂时的不一致性。该不一致性主要由两个 DisCon 控制器间的 RTT 和 DisCon 中缓冲队列溢出的可能性所引发。如第 2.5.2 节所述,控制平面对包含 m 台 24 端口交换机的网络以 t ms 为周期对网络拓扑进行轮询,让交换机的每个端口向控制器发送自己的拓扑事件,那么在一个轮询周期内,网络可以产生 $24m$ 个拓扑事件。由于 ECS 的同步写入延时为 45us,一个轮询周期内总共有 $1\,000t/45$ 个拓扑事件可以完全更新到数据仓库。因此,ECS 的请求队列中的事件总数为 $24m - 1\,000t/45$。如果被管理的网络包含更多的交换机,全局网络拓扑的轮询周期需要增大,以便使 ECS 的请求缓冲队列不发生拓扑事件溢出。或者,ECS 需要增大其请求缓冲队列使得更大规模的网络产生的网络拓扑事件不被丢弃。

如果缓冲队列出现溢出,队列中的一些拓扑事件将被丢弃,导致全局网络拓扑副本间的不一致,这种不一致和两个控制器之间的 RTT 造成的不一致最终将被后面轮询周期到达的拓扑事件的成功更新所修复。当这种不一致导致了不正确的流表项,使某些流的转发失败时,这种失败也会随着错误的流表项超时后,通过正确的流表项的安装而得到修复。

事实上,DisCon 存在两种类型的临时不一致:一是控制平面中两个拓扑副本之间的临时不一致;二是数据平面的真实拓扑与控制平面构建的拓扑之间的临时不一致。假设不存在拓扑事件的丢失,第一种临时不一致将由 DisCon 的远程拓扑事件收敛延时产生,在前文中,该延时被估计为 1.2ms;第二种临时不一致高度依赖于 DisCon 的网络拓扑轮询周期。假设 DisCon 每 100ms 对所有交换机进行一次轮询[12]，如果我们忽略交换机和控制器之间的端到端延时，这个窗口时间大约是 100ms。

2.5.6.2 带宽使用

如前文所述，考虑一个由 m 台 24 端口交换机和 n 个 DisCon 成员控制器组成的网络，每个成员控制器管理 m/n 台交换机，让每个控制器每秒轮询所有交换机一次，并且交换机的每个端口都产生自己的拓扑响应给控制器，那么一个 DisCon 成员控制器发送的拓扑请求数为 m/n，一个 DisCon 成员控制器收到的拓扑响应数为 $24m/n$。由于每个 DisCon 成员控制器将其收到的拓扑响应组播给控制平面中的其他成员控制器，一个控制器发送给其他控制器的拓扑响应数量为 $24m/n$，一个控制器通过 ECS 收到的其他控制器组播的拓扑响应数量为 $24m(n-1)/n$。假设 ECS 组播的每个拓扑响应为 50 字节，两个控制器之间用于组播拓扑响应的最大单向链路带宽使用量为 $9.6m(n-1)/n$ Kbps，由 $8 \times 50 \times 24m(n-1)/n$ bps 计算得到。假设 $m = 10\,000, n = 3$，计算得到带宽使用量为 64Mbps，这意味着一个有 3 个成员控制器的 DisCon 控制平面，在为一个包含有 10 000 台 24 端口交换机的 1 000M 网络更新一次全局网络拓扑副本时，消耗的链路带宽仅为全部带宽的 6.4%。

但是，增加每个组播事件的字节数和组播频率会增加该带宽的消耗。这种情况下，必须考虑积极减少带宽消耗的额外机制。这样一来，ECS 可以进一步提升事件重放系统的性能，以便让控制器能够更灵活定义本地网络拓扑副本的数量和位置，在控制带宽消耗的前提下进一步提高控制平面的可扩展性和可用性。

另一方面，实际网络拓扑的变化通常是有计划的，异常的拓扑变化并不会经常发生，所以通过周期性轮询交换机的状态来捕捉真实拓扑的潜在变化效率并不高。因此，DevoFlow[9] 在交换机软件系统中添加了一个代理软件，使交换机可以主动向控制器汇报网络拓扑的变化，避免交换机的轮询。这种情况下，交换机和控制器之间可通过可靠的数据传输协议（控制器和交换机之间的 TCP 连接）确保交换机产生的拓扑事件可靠地传递给控制器，无须增加额外机制。然而，对于那些控制器之间不能提供可靠的数据交付机制的控制平面解决方案,两个控制器之间依然可能存在暂时的不一致,而这个不一致必须通过周期性到来的拓扑事件来恢复。如果 DisCon 能够支持交换机主动报告他们的拓扑变化,以减少控制器轮询交换机拓扑的频率,就能够以更快的速度更新更大规模网络的拓扑,且能够对控制器之间不可靠的数据传输所造成的临时不一致现象进行快速恢复。

2.6　结论

现有的分布式控制平面通常需要确保其成员控制器间的强一致性,导致了较长的拓扑收敛延时,降低了控制平面的可扩展性。由于控制器间的强一致性并不是构建分布式控制平面的先决条件,本章提出了 DisCon 这种可扩展的分布式控制平面解决方案,利用一个新颖的事件协调系统,构建一个高效的事件重放系统,将控制器之间的强一致性弱化为最终的一致性。ECS 设计了一个新颖的多线程请求处理过程,使用单独的线程分别完成组播、通知和写请求的任务。在 ECS 和 DisCon 具有无限长缓冲队列的理想情况下,该处理过程能够确保所有的写请求在不同的 ECS 节点上以完全一致的总顺序被接收、执行、组播和通知,所以能在保证 ECS 具有较大的写入速率和较低的写入延时的前提下,降低多个 DisCon 成员控制器间的临时不一致性。同时,两个控制器之间由于组播消息的延时或者队列溢出导致的数据包丢失所产生的临时不一致,最终会通过控制器周期轮询交换机和链路的状态得到恢复。基于模拟 SDN 系统的评估表明了这些方法的有效性。由于 DisCon 有一个紧凑的设计,无须在交换机和控制器之间添加代理,且能够及时在控制平面上重放拓扑事件,所以能够提供比 SCL 更低的流设置延时、更大的拓扑更新率和更低的拓扑收敛延时。

DisCon 通过提供增大流设置率和事件重放率来增强扩展性,以便快速处理大规模网络的新流量和拓扑事件。当 DisCon 支持金融交易、在线游戏和电子拍卖等基于全局网络拓扑的应用时,由于其每个成员控制器都具有一个单独的拓扑结构副本,全局路由被转化为局部行为,因此,降低流设置延时能够使 DisCon 在单位时间内处理更多的流,管理更大规模的网络。通过一个多线程架构,并在其上启用异步写入模式,ECS 提供一个大写入速率,从而使基于 ECS 的事件重放系统具有大的事件重放率。事件重放率的增大,增加了控制平面每秒能够传播的拓扑事件数,导致更多的拓扑事件能够收敛到全局网络拓扑的副本。DisCon 还减少了写入 ECS 的每个拓扑事件的数据量,并使用一个单独的事件注册及通知通道来管理同一类型的远程拓扑事件,以进一步提高 ECS 的写入速率和 DisCon 的事件重放率,从而提高整个网络的可扩展性。

第 3 章

高效的 SDN 网络虚拟化监视器

受计算机虚拟化将物理计算机的资源抽象，从而产生虚拟机概念的启发，网络虚拟化将物理网络资源抽象化，通过资源切片产生虚拟网络。计算机虚拟化采用计算机管理程序分配资源和管理虚拟机的运行[60]，网络虚拟化采用网络监视程序来分配资源和管理虚拟网络的运行，网络监视程序通常被称为网络虚拟化监视器，或虚拟网络监视器。

现有的网络虚拟化技术通常在特定网络层对网络资源进行虚拟化[98][99]，但网络虚拟化监视器可以跨越多个网络层对网络进行虚拟化，形成全虚拟化网络(fully virtualized networks)[27][100]。全虚拟化网络允许各虚拟网络拥有自己的控制器和网络资源，如网络拓扑结构视图、网络寻址空间、链路带宽、交换机CPU 和转发表等[60]。本章把管理虚拟网络的控制器称为租户控制器，以区别于管理物理网络的控制器。

由于全虚拟化网络允许多个虚拟网络共享相同的物理网络设施，以优化资源的使用[60][61][101]-[105]，所以，全虚拟化网络得到当前数据中心网络的广泛欢迎。但是，对网络进行全虚拟化需要给每个虚拟网络分配资源并监控虚拟网络的运行，这就需要网络虚拟化监视器与物理网络的所有设备进行交互。因为传统计算机通信网络缺乏灵活配置和管理各种网络设备的机制，所以在传统计算机通信网络上进行这类交互非常困难,导致使用网络虚拟化监视器对传统的计算机通信网络进行完全虚拟化面临巨大的挑战。由于 SDN 系统的控制平面与网络设备分离,并通过标准化的协议和接口对设备进行配置和编程,因此 SDN 控制平面是部署和运行虚拟网络监视器,对 SDN 系统进行全虚拟化的最佳场所[101]–[105]。

当前的研究提出了一些 SDN 虚拟网络监视器的解决方案[27]–[29][60][61][101]–[105],这些解决方案可分为集中式和分布式两大类。集中式方案在 SDN 控制平面部署一个监视器实体,分布式方案则允许在 SDN 控制平面部署多个物理的监视器实体,每个实体管理虚拟网络的一个子集。因为在虚拟网络上安装流表项需要每个转发到租户控制器的流包都经过监视器实体,以便在虚拟和物理网络之间进行控制逻辑和网络地址的转换,所以,只包含一个监视器实体的集中式网络虚拟化监视器方案可能成为网络的性能"瓶颈"。

分布式虚拟网络监视器方案可以通过在控制平面部署多个监视器实体来缓解这一问题。但是,监视器实体会增大虚拟网络的流设置延时,而保证较低的流设置延时是虚拟化 SDN 系统支持延时敏感应用的关键。如图 3.1(a)所示,使用容器级虚拟网络监视器和容器级租户控制器的紧凑设计,可以减少由于部署监视器而产生的额外网络延时。容器级虚拟网络监视器和容器级租户控制器,在这里指虚拟网络监视器模块和租户控制器模块使用容器的方式实现共享同一操作系统和物理主机[27][100]。因此,这类紧凑型设计中网络虚拟化监视器和租户控制器模块之间的交互不需要通过裸 OpenFlow 消息,简化了模块间的通信,降低了交互的时间消耗,最终减少了虚拟网络上的流设置延时。但是,这样一个紧凑型设计将网络虚拟化监视模块和租户控制器模块驻留在同一台主机中,由于每个虚拟网络通常会有自己的租户控制器模块,而主机的资源有限,所以该紧凑型设计可能会限制一个主机能够部署的租户控制器模块的数量,从而影响一个虚拟网络监视器实体能够管理的虚拟网络的上限[100]。因此,如图 3.1(b)所示,具有多个虚拟网络监视实体的分布式紧凑型设计,可以支持更多的虚拟网络,且保持较低的流设置延时[27]。

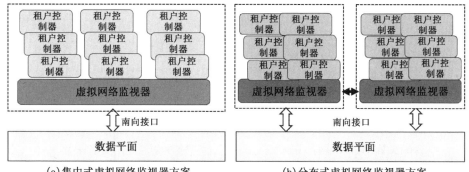

(a)集中式虚拟网络监视器方案　　　　(b)分布式虚拟网络监视器方案

图 3.1　带有容器级虚拟网络监视器模块和租户控制器模块的紧凑型解决方案

本章采用图 3.1(b)所示的分布式紧凑型虚拟网络监视器方案来虚拟化 SDN 系统,没有提出新的机制来虚拟化网络资源。本章专注于减少流设置过程和网络统计信息收集带来的时间开销的同时,提高采用虚拟网络监视器对 SDN 网络进行虚拟化后的系统的可扩展性。

一个物理网络所能支持的虚拟网络数量,是衡量虚拟网络监视器方案可扩展性的重要指标[60]。尽管分布式虚拟网络监视器方案可以通过部署多个监视器实体来增加物理网络所能支持的虚拟网络数量,但多个监视器实体间往往缺乏必要的交互和协作[27]−[29]。由于分布式虚拟网络监视器所虚拟化的物理网络通常被划分成多个分区,如果监视器间缺乏交互和协作,每个监视器实体所构建和存储的(本地)网络视图就不能被同步到其他监视器实体,无法组装成全局网络视图。物理 SDN 系统如果没有全局网络视图,就不能支持对虚拟网络的全局匹配,即将虚拟网络匹配到整个物理网络。支持虚拟网络的全局网络匹配可以增加物理网络能够支持的虚拟网络总数,提高网络的可扩展性。但是,如果没有监视器间的协作,就无法维护一个包含所有匹配映射信息的全局映射表,支持在每个虚拟网络监视器实体上对所有虚拟网络的控制逻辑和网络地址进行转换。由于监视器间协作能在每个虚拟网络监视器实体维护一个全局映射表,使得一个监视器实体在其他监视器实体过载或出现故障时能迅速接管工作,所以,该协作对提高网络虚拟化解决方案的可用性至关重要。

为了降低虚拟网络的流设置延时,提高虚拟化网络的性能,现有的分布式虚拟网络监视器方案通常需要实现一个缓存系统,将映射记录缓存在虚拟网络监视器实体处。这类缓存系统往往命中率较低,无法有效降低虚拟网络监视器实体自身的额外延时[27][29][101]。现有的映射表缓存通常在流的第一个数据包转发到控制平面时,从原始存储中加载映射记录,但由于网络中的大部分流是短流,其流表项不会在流的生存周期内超时失效,也就是说短流不会将第一个数据包以外的后续的数据包转发到控制平面[110],因此,大量短流的第一个数据包所缓存的映射记录将永远不再被读取,导致缓存命中率过低。

现有的分布式虚拟网络监视器方案还缺乏有效机制来收集全局网络统计数据,全局网络统计数据用于在虚拟化后的 SDN 系统上实现全局网络优化[101]−[105]。网络统计数据,特别是流量统计数据,往往容量巨大。无论这些统计数据是由控制器定期收集还是由交换机主动报告,统计数据都必须从交换机传输到控制器。采用分布式虚拟网络监视器方案对网络进行虚拟化后,这些网络统计数据的传输会在控制平面和数据平面上产生额外开销,导致网络的性能和可扩展性[9]下降。

为了解决这些问题,本章对 DisCon 进行了扩展,提出了 DeNH,一个具有容器级虚拟网络监视器和租户控制器的分布式虚拟网络监视器。该监视器使用第 2 章提出的、基于 ECS 的高效事件重放系统来构建全局网络拓扑和虚拟网络监视器实体的全局映射表。DeNH 还利用 ECS 设计了一个轻量级的映射表缓存和映射记录预读取机制,有效降低了虚拟网络的流设置延时。此外,DeNH 还直接使用转发到控制平面的流量数据包来统计网络的流量数据,显著减少了控制平面和数据平面因传输网络统计数据而产生的开销。

基于模拟 SDN 系统和真实数据中心的历史数据包的评估表明,本章所提出的方法具有有效性。运行 DeNH 实体的主机物理资源限制了一个 DeNH 监视器实体可以管理的租户控制器模块的总数,从而影响了 DeNH 的可扩展性。DeNH 的可扩展性可以通过使用多个虚拟网络监视器实体,并让每个实体都使用默认的租户控制器模块来管理虚拟网络,从而增强 DeNH 的可扩展性。由于 DeNH 可将映射表缓存的命中率提高到 100%,虚拟网络监视器实体所带来的额外延时非常小。通过合理配置流表项的超时时间,采用本章所提出的流量统计信息侦测网络大象流的准确性很高,可以支持网络的全局管理和优化。所谓大象流,是指那些经常持续很长一段时间,有很多数据包,严重影响网络性能的数据流[106]。

　　本章的主要贡献一是在虚拟化 SDN 系统上提出一个分布式的高效虚拟网络监视器程序;二是提出了一个具有记录预读取机制的新型缓存系统,以减少虚拟化 SDN 系统上的流设置延时;三是使用转发到控制平面的流量数据包来计算流量统计数据,通过合理配置流表项的超时时间,可以在控制平面和数据平面上将检测大象流的开销降低到可以忽略的水平。

3.1　相关工作和背景

3.1.1　系统的虚拟化

　　网络资源可以通过多种网络协议进行切片,创建虚拟网络并使每个虚拟网络具有自己的网络资源。为实现这样的资源切片,网络虚拟化解决方案通常需要具备资源抽象和资源隔离这两大主要功能。资源抽象主要针对网络拓扑结构、节点能力和链路能力进行抽象;而资源隔离通常指在控制平面、数据平面和网络寻址空间上的隔离[60]。网络的资源抽象和隔离可以在不同网络层面实现。最低级别的拓扑抽象在物理拓扑上构建虚拟拓扑,提供透明的一对一映射;最高级别的拓扑抽象则将整个物理网络拓扑虚拟为一个单一的虚拟链路或节点;在最低和最高级别之间通常还存在着多个抽象级别[60]。虚拟网络监视器可以完全抽象网络资源,提供最高级别的网络抽象和隔离[27][100][108]。尽管在传统的 IP 网络上部署虚拟网络监视器很困难,但 SDN 系统凭借分离的控制平面和数据平面,以及两个平面之间的标准化接口,可以轻松解决这个难题,本章所提出的 DeNH 就是能够完全虚拟化 SDN 系统的一个分布式虚拟网络监视器解决方案。

3.1.1.1　虚拟网络监视器的基本机制

　　虚拟网络监视器可应用多种机制来完全虚拟化 SDN 系统。对于数据平面的资源抽象和隔离,可采用拓扑发现协议(如 LLDP)来发现网络拓扑[12][81],链路虚拟化协议(如 VLAN[98] 和 NVGRE[107])可用来抽象链路能力,OpenFlow

协议可用来切分交换机的端口队列能力[32][34]，还可以通过重新设计交换机的硬件来切分流水线资源[99]。对于控制平面的资源抽象和隔离，虚拟网络监视器可以通过设置虚拟网络转发到其租户控制器的流量数据包的最大总量，来切分物理控制器的 CPU 能力[61]。对于网络寻址的隔离，虚拟网络可以通过分配链路切片 ID[98][107] 或由监视器自己定义的租户 ID 来识别[27][100]。虚拟网络监视器可以为虚拟网络分配一段物理网络寻址空间[61]，或者通过转换虚拟网络和租户网络之间的网络地址，允许虚拟网络有重叠的寻址空间[27][100]。虚拟网络监视器可以允许每个虚拟网络有自己的租户控制器[61][101]−[103] 或容器级租户控制器[27][100]，以隔离虚拟网络之间的控制逻辑。

3.1.1.2　虚拟网络监视器系统

虚拟网络监视器解决方案可以采用集中式或分布式架构。集中式虚拟网络监视器仅由一个监视器程序实体组成，管理控制物理网络上的所有虚拟网络；分布式虚拟网络监视器则包含多个逻辑上集中但物理上分离的监视器程序实体。

（1）集中式虚拟网络监视器。FlowVisor[61] 是第一个使用 OpenFlow 协议来虚拟化 SDN 系统的虚拟网络监视器解决方案。FlowVisor 没有使用链路虚拟化协议的特定字段或自定义参数来识别虚拟网络，而是引入了流空间，即使用 OpenFlow 协议定义的字段来定义子空间，并通过将一个虚拟网络匹配到特定的流空间以区别于其他虚拟网络。但是，FlowVisor 不能在虚拟网络中隐藏物理交换机和物理网络地址。AdVisor[102]、VeRTIGO[103] 和 Enhanced FlowVisor[108] 以不同的方式扩展了 FlowVisor，但它们都没能完全解决物理交换机和物理网络的隐藏问题。OpenVirteX[29] 尽管也是基于 FlowVisor 的方案，但是提供了一个映射表来转换物理和虚拟网络之间的控制逻辑和网络地址，从而解决了物理交换机和物理网络地址的隐藏问题。当前研究还提出了一些不基于 FlowVisor 的集中式虚拟网络监视器解决方案，它们有的通过共享 SDN 交换机实现虚拟网络切片之间的隔离[100]，有的则是针对特定的网络场景，如无线和移动网络等[60]。

（2）分布式虚拟网络监视器。本书作者的前期工作 DFVisor[109]，是一个基于 FlowVisor 的分布式虚拟网络监视器。该方案能够运行多个 FlowVisor 实体,并对控制平面进行扩展以平衡网络负载,但 FlowVisor 系列方案所存在的物理交换机和物理网络地址的隐藏问题并没能得到解决。NVP[104]、FlowN[27]、ONVisor[28][101] 和 AutoSlice[105] 是不基于 FlowVisor 的分布式虚拟网络监视器解决方案,解决了物理交换机和物理网络地址的隐藏问题。FlowN 提供了一个紧凑型设计,通过容器级监视器程序和租户控制器降低虚拟网络上的流设置延时。尽管 FlowN 监视器通过映射表在虚拟和物理网络之间转换控制逻辑和网络地址,支持完全的网络虚拟化,但该方案所维护的全局映射表高度依赖外部数据库的数据复制机制,方案的可扩展性受到运行监视器实体和租户控制器的主机物理资源的限制。此外,FlowN 无法在物理网络上对全局网络拓扑进行抽象,因此无法在全网层面对虚拟网络进行匹配。相比之下,NVP、ONVisor 和本章提出的 DeNH 从各自使用的分布式控制器中继承了控制器间的交互能力,能够构建全局网络拓扑,所以可以在全网范围内匹配虚拟网络。其中,NVP 封装了 Onix[22] 分布式控制器,ONVisor 继承了 ONOS[24] 的分布式设计,而本章提出的 DeNH 则扩展了第 2 章中提出的 DisCon。ONVisor 允许每个虚拟网络拥有一个单独的控制器,NVP 和 DeNH 都是多个虚拟网络共享一个控制器。NVP 能够作为一个控制器来管理虚拟网络上的应用和流量,ONVisor 则通过分布式数据仓库来存储全局网络视图,并在多个控制器节点间实现了全局网络视图的共享。本章提出的 DeNH 具有与 FlowN 相似的分布式紧凑型设计,所使用的监视器间的协调机制更为高效。NVP、ONVisor 和 AutoSlice 专注于开发新机制对网络资源进行抽象和隔离,而 DeNH 则致力于降低虚拟网络的流设置延时和流量统计收集的开销。

3.1.2　SDN 系统的缓存机制

对于全局网络视图存储在数据库或数据仓库的非虚拟化网络,SDN 控制器[21][22][24] 经常使用缓存来避免直接操作原始全局网络视图,如图 3.2(a)所示。在通过虚拟网络监视器进行虚拟化后的 SDN 系统上,缓存通常可以用来存储经常访问的部分映射表[27] 以及全局网络拓扑,如图 3.2(b)所示。

现有的 SDN 控制器解决方案中广泛使用了缓存。例如,OpenDaylight[21] 和 ONOS[24] 将原始全局网络拓扑的一部分缓存在内存中,Onix[22] 使用缓存来

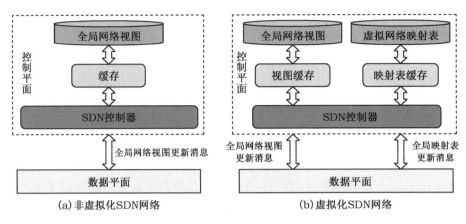

图 3.2 SDN 系统的缓存

避免直接从远程控制器的全局网络视图中检索数据。由于控制平面维护的全局网络视图会被持续更新,缓存有效降低了直接操作原始全局网络视图(存储在数据库或数据仓库中)的时间消耗。

但是,目前的虚拟网络监视器解决方案尚未考虑如何通过缓存有效降低控制逻辑和网络地址在虚拟和物理网络间的转换延时这个问题。由于在 SDN 系统中,SDN 交换机通常只将每个流的第一个数据包转发到控制平面以安装匹配的流表项,因此,尽管主流的虚拟网络监视器解决方案,如 FlowN、NVP、ONVisor、AutoSlice 和 OpenVirteX 等,都使用映射表缓存,但由于没有流的后续数据包被转发到控制平面,由流的第一个数据包加载到缓存的映射记录将不会被再次读取。由于目前网络所包含的大部分流是老鼠流,而老鼠流仅由几个数据包组成,持续时间很短[110],导致交换机向控制平面发送它们的后续数据包(第一个数据包后面的数据包)的概率非常低,因此,这类缓存的命中率很低,虚拟网络监视器只好从原始存储中检索映射记录,导致读取延时过大。这种原因降低了缓存的命中率,增加了虚拟网络的流设置延时,且不能通过增加缓存的容量来改善。为此,DeNH 开发了一种新型的记录预读取机制来提高缓存的命中率。

3.1.3 SDN 系统的统计信息

网络统计信息是全局网络视图的一个主要部分,用于非虚拟化和虚拟化网

络的全局网管理和优化。传统计算机通信网络收集网络统计信息通常需要部
署流量分析工具(如 NetFlow 和 sFlow)对网络数据包进行采样,再根据采样结
果生成网络统计信息[111]。相比之下,SDN 系统可以在交换机上记录流量统计
数据,无须进行采样。传统计算机通信网络的统计数据准确性高度依赖于采样
频率,而 SDN 系统的统计数据准确性则依赖于流表项的聚合程度。这里所说
的准确性是指统计数据正确反映网络中所有流量的能力。SDN 系统流量统计
信息是由交换机上的流表项来累积的,无论是采用主动收集还是被动报告的方
法,都需要将流量统计信息从交换机传输到控制器[8]。主动收集方法通常由控
制平面反复轮询交换机的网络统计数据,而被动报告方法则让交换机主动向控
制平面报告它们的统计数据,无须控制器轮询[63]。主动方法已经被标准化,但
在控制平面和数据平面的开销较大;被动方法可以使用交换机或专门的服务器
来汇总从交换机检索的流量统计数据,减少了传输到控制平面的统计数据容
量,但尚未被标准化,且该方法的应用需要客户化 OpenFlow 交换机的设计[9]
或部署专用服务器[62],会增加部署成本并导致兼容性问题。DeNH 直接使用转
发到控制平面的流量数据包在映射表缓存处计算流量统计数据,不需要从交换
机专门传输统计数据到控制器,不用增加部署成本,不会导致兼容性问题,也不
会增大控制平面和数据平面的开销。

3.1.4　虚拟网络监视器方案的对比

　　虽然目前提出的虚拟网络监视器可以采用不同技术来虚拟化 SDN 系统,
但 DeNH 是第一个具有高缓存命中率的映射表缓存监视器解决方案,流设置延
时低,直接利用转发到控制平面的流数据包来直接生成流量统计数据,准确检
测网络中的大象流,减少了控制平面和数据平面的开销。

3.2　高效的分布式虚拟网络监视器 DeNH

　　本节将 DisCon 扩展为 DeNH,DeNH 是一个高效的分布式虚拟网络监视
器,用于 SDN 系统的虚拟化。

3.2.1 DisCon 的架构和主要机制

如图 3.3(a)所示,DisCon 是一个具有多个控制实体(节点)的分布式控制器,通过 ECS 实现控制器间的交互。如图 3.3(b)所示,ECS 也是一个由多个实体(节点)组成的分布式系统,每个实体包含一个 ECS 服务器和多个客户端。一个 ECS 服务器包含三个进程:服务器进程、内存中的数据仓库进程和 CCE 进程。ECS 服务器和客户端运行在同一台主机上,ECS 客户端是集成到控制实体的一组语句,通过 ECS 服务器对存储在数据仓库中的数据进行操作。ECS 有两种数据同步方式:一是多个 ECS 服务器之间的数据同步。由于每个 ECS 服务器客户端发出的写操作都可以复制到其他 ECS 服务器上,所以,数据的更新可以在所有 ECS 服务器上完成。二是 ECS 服务器和 ECS 客户端之间的数据同步。客户端能够在不对数据仓库进行轮询的情况下,监视存储在数据仓库中的数据的变化。所以,从 ECS 服务器的角度来看,ECS 是一个事件复制服务,在多个实体之间同步数据;从 ECS 客户的角度来看,ECS 也是一个事件注册与通知系统,可以跟踪存储在数据仓库中的数据更新。

当 ECS 被用来协调控制平面的控制器时,ECS 服务器独立于控制器实体运行,而 ECS 客户端被集成到控制器实体中。任何需要在控制器之间同步的数据必须由 ECS 客户端通过 ECS 服务器写入数据仓库。由于 ECS 服务器将写操作复制到控制平面的其他 ECS 服务器,所以写操作所要更新的数据会被同步到其他 ECS 实体。为了让其他 ECS 实体的同步写操作所进行的更新能被控制器察觉,集成到控制实体的 ECS 客户端必须首先对数据进行监视注册。当被监视数据更新时,会生成一个包含所要更新数据的通知,并发送给对该数据进行监视的客户端。因此,控制器可通过客户端接收数据的更新,无须轮询数据仓库。

DisCon 利用 ECS 实现以下功能:重放拓扑事件以构建全局网络拓扑、同步交换机分配信息以快速配置网络、同步控制器的心跳信息以监视控制器的健康状态。

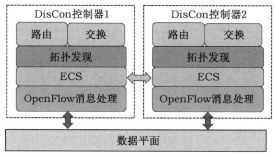

（a）DisCon控制器基本架构

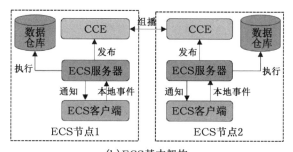

（b）ECS基本架构

图 3.3　DisCon 和 ECS 的基本架构

3.2.2　DeNH 的基本架构和功能

DeNH 是一个分布式虚拟网络监视器解决方案,从 DisCon 控制器扩展而来,用于 SDN 系统的虚拟化。与多个控制器组成的 DisCon(每个控制器管理 SDN 系统的一个交换机子集)相比,DeNH 由多个监视器程序实体组成,每个实体管理物理网络上的一个虚拟网络子集。如图 3.4 所示,DeNH 在 DisCon 实体中插入了一个网络监视器模块,并允许虚拟网络拥有自己的租户控制器模块。

考虑一个具有网络拓扑和资源要求的虚拟网络,DeNH 节点的监视器模块可使用现有的网络匹配算法将虚拟网络匹配到物理网络[109]。DeNH 使用租户 ID(一个 4 字节的整数)来识别虚拟网络,一个虚拟网络被成功匹配后,会被分配一个租户 ID。DisCon 利用基于 ECS 的高效事件重放系统,在每个成员控制器上构建全局网络拓扑,每个 DeNH 实体(节点)也使用相同的机制来构建全局

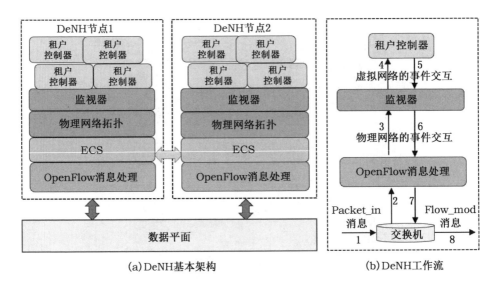

(a) DeNH基本架构　　　　(b) DeNH工作流

图 3.4　DeNH 的基本架构和工作流

网络拓扑,再根据该拓扑在全网范围对虚拟网络进行匹配。

3.2.2.1　数据平面的抽象与隔离

DeNH 用逻辑端口来抽象和隔离数据平面的节点和链路资源。端口是交换机的基本资源,每个端口有带宽、队列和缓冲区[10]。OpenFlow 协议为交换机定义了三种类型的端口:物理端口、逻辑端口和保留端口[10][11]。物理端口是交换机的真实端口,一个物理端口可以通过隧道协议分割成多个逻辑端口,保留端口是为特殊用途保留的端口。OpenFlow 协议不仅给出了逻辑端口的定义,还给出了生成端口和为其分配资源(如带宽)的方法,逻辑端口实际上是对交换机和链路资源的切片。由于虚拟机是物理主机资源的切片,虚拟机和逻辑端口完成了数据平面主要资源的抽象和隔离。

DeNH 让每个虚拟机连接到交换机的一个逻辑端口。对于一个带有主机、链路和交换机的虚拟网络,DeNH 可以直接将虚拟机匹配到主机,将虚拟网络的链路和交换机匹配到连接虚拟机的逻辑端口所对应的物理链路和交换机上。

DeNH 实现了一个一对一的虚拟网络匹配。如图 3.5 所示,DeNH 使物理网络上具有物理 IP 地址的虚拟机通过与虚拟机连接的逻辑端口(由端口号标识)和物理交换机 ID 号(由其数据通道 ID 标识)的组合来识别。DeNH 给每个虚拟网络分配一个租户 ID,用虚拟机连接到虚拟网络的虚拟交换机(由租户数据通道 ID 识别)和端口(由租户端口号识别)的组合,来标识某个虚拟网络的主机(拥有租户 IP 地址的虚拟机),那么,租户 ID、租户数据通道 ID 和租户端口号的组合可以在给定物理网络中实现所有虚拟网络对其虚拟主机的识别。这个匹配系统允许不同虚拟网络具有重叠的网络地址,支持虚拟网络和物理网络之间的地址转换,以及控制平面和数据平面内的资源隔离。当然这些功能也可以通过基于其他机制的匹配方法来实现[27]。

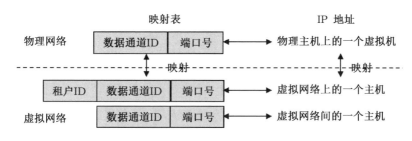

图 3.5　DeNH 的一对一匹配机制

由于每个 DeNH 节点可以利用基于 ECS 的事件重放系统来构建自己的全局网络拓扑,DeNH 在每个节点上运行全局网络匹配算法,在全网范围内对一个虚拟网络进行匹配。DeNH 中的映射表基于这样的一对一匹配机制生成,并被写入每个节点的 ECS 服务器的数据仓库中。由于 ECS 服务器可以将其写入操作复制到其他 ECS 服务器上,一个 DeNH 节点映射表的更新可以同步到其他 DeNH 节点的映射表。通过这样的机制,一个由所有虚拟网络的映射记录组成的全局映射表可以在每个 DeNH 节点构建。这种设计的一个主要优势在于,当某些 DeNH 节点过载或出现故障时,其他任何一个健康的 DeNH 节点可凭借全局映射表迅速接管该节点的工作,无须复制任何映射记录,大大提高了整个网络的可用性。

3.2.2.2　控制平面的资源抽象和隔离

尽管 DeNH 允许每个虚拟网络拥有自己的租户控制器模块,但每个 DeNH 的网络监视器模块和 OpenFlow 消息处理模块由多个虚拟网络的租户控制器模块共享,因此,严格来说监视器程序和 OpenFlow 消息处理模块的资源是由该 DeNH 节点管理的所有虚拟网络所共享,但我们可以设置一个阈值来限制一个虚拟网络能够处理的 OpenFlow 消息的上限,从而避免一个虚拟网络占用过多控制平面资源,影响其他虚拟网络的性能[61]。DeNH 还提供接口程序,允许每个虚拟网络对其控制逻辑进行编程。

3.2.2.3 DeNH 的工作流程

DeNH 首先使用匹配算法将虚拟网络匹配到物理网络,然后给每个虚拟网络分配一个租户 ID,并为虚拟网络启动其租户控制器模块。生成映射记录并写入 DeNH 实体的映射表。由于 DeNH 实体将映射表存储在 ECS 数据仓库中,写入映射表的映射记录将通过 ECS 同步到位于其他 DeNH 实体中的映射表。映射记录的建立表明虚拟网络已准备好,可以正常运行。

图 3.4(b)给出了 DeNH 的工作流程。具体如下:当在虚拟网络上运行应用程序时,流的数据包由应用程序产生,并由参与的交换机转发[见图 3.4(b)中的 1];如果这些交换机采用交互模式设置流表项,每个流的第一个数据包将被封装成 packet_in 消息,通过交换机转发到控制平面以安装匹配的流表项[见图 3.4(b)中的 2];由于 packet_in 消息已包含需要在虚拟网络上转发的流量包,并被 DeNH 实体的 OpenFlow 消息处理模块接收,该 OpenFlow 消息处理模块会将该消息进一步封装成事件并发送给监视器模块[见图 3.4(b)中的 3];监视器模块将收到的事件从物理网络转换到虚拟网络,并将它们进一步发送到对应的租户控制器模块进行处理[见图 3.4(b)中的 4];对应的租户控制器模块接收事件后生成响应,并将其反馈给监视器模块[见图 3.4(b)中的 5];监视器模块随后把这些响应从虚拟网络转换到物理网络,并再次发送到 OpenFlow 消息处理模块[见图 3.4(b)中的 6];OpenFlow 消息处理模块进一步将响应解封成 OpenFlow 消息,并将消息转发到相应的交换机[见图 3.4(b)中的 7];交换机处理收到的消息,安装相应的流表项,并根据流表项转发流量的第一个数据包[见图 3.4(b)中的 8]。

3.2.3 性能和可扩展性的改进

虚拟网络监视器解决方案中,由于转发到控制平面的每个数据包都需要在物理网络和虚拟网络之间进行转换,给现有的流表项设置过程带来额外延时。为了降低该延时,DeNH 采用紧凑型分布式设计,在 ECS 的帮助下,建立多个监视器之间的协作机制,并采用以下方法提高其性能和可扩展性。

3.2.3.1　带记录预读取机制的映射表缓存

虚拟网络监视器解决方案通常需要在虚拟网络和物理网络之间进行转换,以便支持虚拟网络之间的控制逻辑和网络寻址空间的隔离。这种转换通常依赖于存储在持久性存储介质(如硬盘等)的数据库或数据仓库的映射表,导致较大的转换延时,如果在内存中缓存经常访问的映射表记录则可以避免直接操作这类持久性存储介质,降低转换延时,如图 3.2(b)所示。现有的虚拟网络监视器解决方案中,这样的映射缓存通常用读缓存来实现。读缓存将一部分映射记录存储在内存中,这样就可以从内存而不是较慢的持久性存储介质中检索这些记录,以减少读取的时间消耗。但当读取请求不能从缓存中检索到数据时(cache miss,缓存缺失),缓存就需要先从原始存储中加载新的记录,再处理读取请求。

考虑一个采用被动模式安装流表项的 SDN 系统,该系统被一个具有上述映射表缓存的虚拟网络监视器解决方案虚拟化。SDN 系统支持以主动和被动两种模式安装流表项。主动模式在流出现在网络之前提前设置好匹配的流表项,被动模式在流的第一个数据包到达交换机后通知控制器安装匹配的流表项。被动模式设置流表项有利于灵活地进行网络管理和优化,所以主流的 SDN 系统通常采用被动模式。这种情况下,当一个新流到达入口交换机时,流的第一个数据包必须被交换机转发到控制平面以安装流表项。被转发的数据包到达控制器后,首先访问映射表缓存,以便在虚拟网络和物理网络之间转换控制逻辑和网络地址。由于该数据包是该流被转发到控制平面的第一个数据包,访问缓存时会触发缓存缺失,并从原始映射表中加载一条新的映射记录到映射表缓存,以便该流的后续数据包可以直接从缓存中检索映射记录,无须访问原始映射表。但是,如果流表项的超时设置没能在流的存活时间内失效,该流的后续数据包将不再被转发到控制平面,因此,第一个数据包加载的映射记录不会被再次读取,从而导致 100% 的缓存缺失率。尽管网络中确实存在由许多数据包组成且持续时间较长的大象流,该类流的一些后续数据包会被转发到控制平面以更新超时失效的流表项,但是当前网络中的绝大部分流是仅由几个数据包组成且持续时间很短的老鼠流[110]。因此,这种映射表缓存的实际缓存缺失率很高,导致虚拟网络的实际流设置延时很大。

DeNH 提出一种具有记录预读取机制的轻量级读缓存系统来解决这一问题,DeNH 将其映射表存储在 ECS 的数据仓库中。如表 3.1 所示,DeNH 的映射表将记录分为两类:类 1 记录将流包从虚拟网络转换到物理网络,而类 2 记录将流包从物理网络转换到虚拟网络。缓存中的每条记录都具有与原始映射表中相同的键和值。

表 3.1 **DeNH 的映射表结构**

记录类型	键	值	用途
类 1	租户 ID 租户数据通道 ID 租户端口号	物理数据通道 ID 物理端口号	虚拟到物理网络
类 2	类 1 的值	类 1 的键	物理到虚拟网络

由于虚拟网络监视器模块始终维护一个包含所有被管理的虚拟网络的租户 ID 列表,并且映射表中的所有类 1 记录在其键中都包含了租户 ID,因此虚拟网络监视器模块可以集成一个 ECS 客户端并监视列表中包含租户 ID 的类 1 记录。当这些类 1 记录在数据仓库中被建立或更新时,相关的写操作被通知到每个 ECS 客户端,集成了 ECS 客户端的虚拟网络监视器模块可以接收到写操作并同步更新到其映射表缓存中。这样,所有的类 1 记录都被加载到缓存中,不会触发缓存缺失。由于每条类 1 记录都有一条对应的类 2 记录,其键和值在映射表中进行了对换,因此对应的类 2 记录也可以同步到缓存中。

映射记录的更新通过 ECS 写操作在原始映射表上完成,再通过原始映射表与缓存之间的同步过程将记录同步更新到缓存中。图 3.6 描述了 DeNH 实体内原始映射表与其缓存之间的同步过程。由于 ECS 可以在多个 ECS 服务器间复制写入操作,因此写入一个映射表的映射记录会被同步到位于其他 DeNH 实体中的映射表。该同步过程使每个 DeNH 实体都拥有自己的全局映射表,所以,该实体的工作能迅速被其他 DeNH 实体所接管,以实现负载均衡或提高网络可用性。

每个 DeNH 实体都有一个包含特定物理网络中所有虚拟网络映射记录的全局映射表,一个 DeNH 实体只需缓存由其启动的租户控制器模块的虚拟网络的映射记录。由于这些映射记录可以完全预先读取,DeNH 就可以将其缓存命

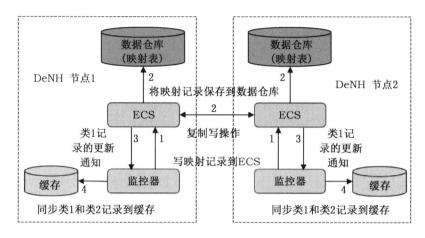

图 3.6 映射表之间的同步以及映射表和其缓存之间的同步

中率提高到 100%，从而有效降低转换延时和流量设置延时。

3.2.3.2 使用默认的租户控制器模块

虽然 DeNH 的容器级监视器程序和租户控制器降低了虚拟网络上的流量设置延时，但这种设计存在可扩展性问题，即一个 DeNH 实体支持的租户控制器数量受托管 DeNH 实体的计算机的物理资源的限制。为了提高可扩展性，DeNH 可以增加托管计算机的物理资源，还可以将虚拟网络分为两组：一组对控制逻辑和安全性有特殊要求，另一组没有，并使用默认租户控制器模块管理后一组的所有虚拟网络，从而提高 DeNH 实体可支持的虚拟网络总数，改善 DeNH 的可扩展性。

3.2.3.3 流统计信息及其准确性

由于转发到控制平面的流量包必须先从映射表缓存中检索映射记录，以便在虚拟网络和物理网络之间转换控制逻辑和网络地址，所以，映射表缓存可以对转发到控制平面的流量进行计数，具体如下：DeNH 让映射表缓存统计映射记录 i 被读取的总次数 c_i、映射记录 i 第一次被读取的时间 $t_{i\text{-}first}$ 和最近一次被读取的时间 $t_{i\text{-}recent}$，以及访问过映射记录 i 的所有数据包的总字节数 P_i，并将这些统计信息记录在该缓存映射记录的末尾。

表 3.2   **本章使用到的符号及其描述**

符号	描述
T	测量周期
F	测量周期 T 对应的流数据集
P	流数据集 F 所包含的数据包总数
A	转发到控制平面的数据包总数占网络数据包总数的百分比
c_i	缓存记录 i 被访问的总次数
$t_{i\text{-}first}$	缓存记录 i 首次被访问的时间
$t_{i\text{-}recent}$	缓存记录 i 最近被访问的时间
p_i	访问过缓存记录 i 的所有数据包的总字节数
f_i	流数据集 F 中的流 i
P_i	流 f_i 所包含的数据包的总个数
P_c	在测量周期 T 内转发到控制平面的数据包的总个数
p_{ij}	流 f_i 中的第 j 个数据包
t_{ij}	数据包 p_{ij} 的到达时间
t_{ik}	流 f_i 的流表项的创建时间
δ_i	流 f_i 因流表项超时转发到控制平面的数据包的总个数
a_{ij}	二进制整数表示数据包 p_{ij} 是否被转发到控制平面
t_{hard}	流表项的硬超时时间
t_{idle}	流表项的空闲超时时间

由于交换机只在其流表中找不到匹配的流表项时才将流数据包转发到控制平面,因此,缓存记录的统计数据只统计转发到控制器的流数据包,而不是网络中的所有流数据包。在 SDN 系统中,有两种情况会导致交换机找不到匹配的流表项:一是流表项从未被安装;二是已安装的流表项超时失效。出现第一种情况时,交换机会将流的第一个数据包转发到控制平面,出现第二种情况时交换机则会将流后续的一个数据包转发到控制平面。

假设测量周期为 T,F 为网络包含的流的集合,流 $f_i \in F$ 为一个数据包序列,p_{ij} 为流 f_i 的第 j 个数据包,t_{ij} 是 p_{ij} 的到达时间,P_i 是 f_i 所包含的数据包的总个数。测量周期 T 内流经网络的数据包的总个数 P 可用公式(3.1)计算,转发到映射表缓存的数据包总数 P_c 可用公式(3.2)计算,其中 δ_i 是流 f_i 由于流表项超时而转发到控制平面的数据包个数。

为了计算 δ_i,考虑流表项具有硬超时和空闲超时两种情况。我们为每个 $p_{ij} \in f_i$ 定义一个二进制变量 a_{ij},让 $a_{ij} = 1$ 表示数据包 p_{ij} 返回控制平面,那么 $a_{ij} = 0$ 表示数据包 p_{ij} 不转发到控制平面。当流表项设置硬超时 t_{hard} 时,让 p_{ik} 为更新流表项的数据包($k < j$),且 p_{ik} 和 p_{ij} 之间的数据包没有更新流表项,那么,如果 $t_{ij} - t_{ik} \geq t_{hard}$,则 $a_{ij} = 1$ 且 $k = j$;否则 $a_{ij} = 0$,如公式(3.4)所示。该公式表明,如果 p_{ij} 到达交换机时,流表项在流表中停留的时间超过了给定的硬超时时间,则 p_{ij} 将被转发到控制平面。当流表项设置为空闲超时 t_{idle} 时,我们首先计算 $t_{ij} - t_{i(j-1)}$,再与 t_{idle} 比较。如果 $t_{ij} - t_{i(j-1)} \geq t_{idle}$,则 $a_{ij} = 1$,否则 $a_{ij} = 0$,如公式(3.5)所示,这表明,如果流表项的空闲时间不小于 t_{idle},p_{ij} 将被转发到控制平面。因此,代表流数据包转发总数百分比的统计参数 A 可由公式(3.6)计算得出。表 3.2 列出了这些公式使用的所有变量。

$$P = \sum_{f_i \in F} P_i \tag{3.1}$$

$$P_c = \sum_{f_i \in F} (1 + \delta_i) \tag{3.2}$$

$$\delta_i = \sum_{p_{ij}, p_{i(j-1)}, p_{ik} \in f_i, k < j, j > 1} a_{ij} \tag{3.3}$$

$$a_{ij} = \begin{cases} 1, if\, t_{ij} - t_{ik} \geq t_{hard} \\ 0, otherwise \end{cases} and\ k = \begin{cases} j, if\, a_{ij} = 1 \\ k, otherwise \end{cases} \tag{3.4}$$

$$a_{ij} = \begin{cases} 1, if\, t_{ij} - t_{i(j-1)} \geq t_{idle} \\ 0, otherwise \end{cases} \tag{3.5}$$

$$A = \sum_{f_i \in F} (1 + \delta_i)/P \tag{3.6}$$

假设一个 SDN 系统采用被动模式安装流表项,老鼠流可能只会向控制平面发送其第一个数据包,对网络性能的影响很小;大象流会向控制平面发送多个数据包,对网络性能影响很大。因此,尽管利用转发到控制平面的数据包进行流统计信息可用来侦测网络中的大象流,但这种统计只收集了网络中非常有限的流数据包。

3.3 DeNH 的原型实现

本节通过扩展 DisCon 来构建 DeNH 原型。目前的 DeNH 实现包括一个全新开发的 NH 模块,以及从 DisCon 扩展而来的 OpenFlow 消息处理模块、拓扑发现模块、默认的租户交换模块(Tenant Switching Module,TSM)和默认的租户路由模块(Tenant Routing Module,TRM)。

3.3.1 OpenFlow 消息处理模块

OpenFlow 消息处理模块负责处理交换机和 DeNH 实体之间的 OpenFlow 消息。该模块一方面接收来自交换机的所有 OpenFlow 消息,将其封装成事件,再将事件转发给 DeNH 实体内的租户控制器模块;另一方面接收租户控制器模块发送所有事件,将其解封成相应的 OpenFlow 报文,然后发送给交换机。该模块被 DeNH 实体的所有租户控制器模块共享。

3.3.2 拓扑发现模块

虚拟 SDN 系统的拓扑发现是指发现物理网络的拓扑和虚拟网络的拓扑。DeNH 继承了 DisCon 的拓扑发现模块,可直接发现被管理的网络分区上的物理网络拓扑,并构建整个网络的全局物理网络拓扑。为了发现虚拟网络的拓扑结构,DeNH 每次接收到拓扑事件时,会调用监控器模块将接收到的事件从物理网络转换为相应的虚拟网络,以便使用与物理网络拓扑结构相同的数据结构来组装虚拟网络的拓扑结构。

DeNH 与使用分布式数据仓库存储网络拓扑的 ONOS 和 OpenDaylight 不同,它重用了 NOX[112] 提出的数据结构(DpInfo),通过描述具有多个端口和出口链路的交换机来描述和存储网络拓扑。NOX 使用哈希表来存储和快速查询 DpInfo。通过将虚拟网络的所有 DpInfos 整理成一个哈希表,可抽象出虚拟网络的拓扑结构,再进一步将虚拟网络的所有拓扑结构整理成一个新的哈希表,该哈希表以虚拟网络的租户 ID 为键,构建了所有虚拟网络的拓扑结构,实现了拓扑结构的快速更新和检索。

3.3.3　监视器模块

监视器模块可集成多种功能,如虚拟网络匹配、生成映射记录、转换网络地址和转换控制逻辑。由于每个 DeNH 实体都维护着全局物理网络拓扑结构,因此 DeNH 实体可以在全局物理网络上对虚拟网络进行匹配。虚拟网络匹配成功后,会根据匹配系统生成映射记录,并写入 ECS 数据仓库中的映射表。我们可以让 ECS 的数据仓库以硬盘模式(而不是内存模式)工作,这样当 DeNH 重新启动时,映射表不会丢失。

目前的监视模块实现了网络地址和控制逻辑的转换功能,但虚拟网络的匹配和映射记录需要手动完成。网络地址转换功能在虚拟网络和物理网络之间转换网络地址,控制逻辑转换功能则在租户控制器和 OpenFlow 消息处理模块之间转换事件。DeNH 定义了几类与物理和虚拟网络上的 OpenFlow 报文相对应的事件,如表 3.3 所示。控制逻辑转换功能一方面接收 OpenFlow 消息处理模块生成的一般事件,将其封装为相应的用户事件,并发布到所有租户控制器模块;另一方面,它从租户控制器模块获取所有用户事件,将其解封为一般事件,并发送给 OpenFlow 消息处理模块。调用网络地址转换功能可在物理网络和虚拟网络之间转换网络地址。尽管监视器模块生成的用户事件会发布给 DeNH 实体内的所有租户控制器模块,但只有与接收到的用户事件具有相同租户 ID 的租户控制器模块才会处理这些事件。

表 3. 3　　　　　　　　　　　　　　　　DeNH 系统的事件

类型	事件	生产者	消费者	内容
一般	packet_in	OF 消息处理模块	监视器模块	flow info,input port♯,datapathid
	flow_mod	监视器模块	OF 消息处理模块	flow info,output port♯
	flow_in	OF 消息处理模块	监视器模块	flow info
	flow_out	监视器模块	OF 消息处理模块	routing path,flow info

类型	事件	生产者	消费者	内容
用户	packet_in	监视器模块	租户交换模块	tenant ID, flow info, tenant input port♯, tenant datapathid
	flow_mod	租户交换模块	监视器模块	tenant ID, flow info, tenant input/output port♯, tenant datapathid
	flow_in	监视器模块	租户路由模块	tenant ID, tenant src addr, dst addr, flow info
	flow_out	租户路由模块	监视器模块	tenant ID, tenant routing path, flow info

注:OF 是 OpenFlow 的缩写。

映射表缓存也在监视器模块中实现,当前的映射表缓存通过哈希表实现,其中映射记录缓存的键和值与原始映射表相同。每个缓存映射记录的末尾都附有流量统计信息,统计信息包含缓存记录的总读取次数、缓存记录的首次读取时间和最后读取时间,以及访问过缓存记录的流量数据包的总字节数等。

3.3.4 租户控制模块

交换和路由是在虚拟和物理网络转发流量的两种典型方式。DeNH 允许每个虚拟网络部署自己的租户控制器模块或使用默认的 TSM 或 TRM。默认的 TSM 在虚拟网络上对一般的流包进行转发[112]。它维护一个租户 ID 列表,用于识别所管理的虚拟网络,并维护了一个 MAC 地址与租户端口号对应的学习表,该表包含它已了解到的所有 MAC 地址及其相应的输出端口号。当用户事件到达时,默认的 TSM 会检查事件的租户 ID。如果事件的租户 ID 不在列表中,事件就会被丢弃。否则,TSM 会从事件中学习租户 MAC 地址和租户端口号,将新的租户 MAC 地址和租户端口号保存到该表中,并在生成和发布用户流量模式事件之前,在 MAC 表中查找目标 MAC 地址及其匹配的输出端口号。如果在 MAC 表中找到匹配的输出端口号,则将找到的输出端口号填入生成的用户流量—修改事件,否则填入识别洪泛的特殊输出端口号。

默认的 TRM 实现了路由的功能[112],在虚拟网络上沿路由路径转发用户流。默认的 TRM 通过监听数据平面生成的拓扑事件,在虚拟网络上维护基于虚拟网络节点间最短路径的虚拟流路径表。当用户流入事件(flow_in)到达时，默认的 TRM 首先检查事件的租户 ID。如果事件的租户 ID 不在列表中，事件就会被丢弃，否则，默认的 TRM 会查找其虚拟流路径表，以找到虚拟网络上所请求的最短路由路径，然后生成并发布用户流出事件(flow_out)。如果找到了最短路径，则将此路径填充到生成的用户流出事件中，然后转发给监视器模块，否则，该流量将被洪泛。用户流入和流出事件的定义如表 3.3 所示。

尽管 DeNH 实体能够完全控制匹配到其监管的物理网络分区的虚拟网络流量，但管理全局匹配的虚拟网络流量需要多个 DeNH 实体的协调。在当前的 DeNH 实现中，全局匹配的虚拟网络流量只能从一个网络分区洪泛到其他网络分区，以安装流量的完整路由路径，更为有效的机制有待今后进一步研究。

3.4　评估

本节首先用实验评估 DeNH 的基本功能，然后估算 DeNH 在多个实体间的同步映射表、同步映射表缓存以及在虚拟网络上设置流量的延时，最后计算内存开销以及由转发到控制平面的流数据包构建的统计数据的准确性。

3.4.1　功能评估

虚拟网络间的控制逻辑隔离和支持全局匹配的虚拟网络的流量转发是 DeNH 的两大功能。为了评估这两项功能，本节用 Mininet 模拟了一个线性网络拓扑，包含 100 台交换机(从 s1 到 s100)和 100 台主机(从 h1 到 h100)连接成一条线。网络拓扑结构不会影响 DeNH 所支持的功能。

3.4.1.1　控制逻辑的隔离

如图 3.7 所示，考虑一个简化的网络场景，即包含两个虚拟网络的线性网络，每个虚拟网络由 50 台交换机和 50 台主机组成。两个虚拟网络(VN1 和 VN2)被匹配到线性网络。部署一个 DeNH 实体，为 VN1 启动 TRM1，为 VN2 启动 TRM2，手动生成 VN1 和 VN2 的映射记录。我们首先在 Mininet

中运行"h1 ping h2",并监控 TRM1 和 TRM2 的行为。我们发现,尽管两个 TRM 都收到生成的用户流入事件,但这些事件被 TRM1 处理,被 TRM2 丢弃,原因是 TRM1 拥有与事件相同的租户 ID,而 TRM2 没有。我们还在 Mininet 中运行了"h50 ping h51",但没有得到任何响应,原因是 h50 和 h51 属于两个不同的虚拟网络。由于目前实现的 DeNH 只允许在一个虚拟网络内转发流量,不属于任何虚拟网络或属于一个以上虚拟网络的流量都会被过滤掉。这意味着两个虚拟网络的控制逻辑是隔离的,更高级别的隔离可以通过加密事件实现。

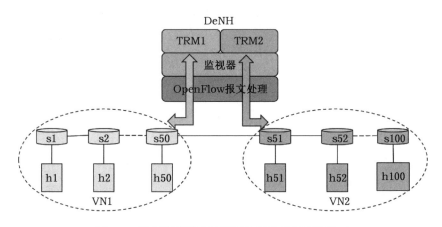

图 3.7 控制逻辑的隔离测试环境和配置(场景 1)

3.4.1.2 虚拟网络的全局匹配

考虑另一种简化场景,只匹配一个虚拟网络的物理网络,虚拟网络的大小和拓扑结构与物理网络完全相同。手动生成虚拟网络的映射表,部署一个 DeNH 实体来管理整个物理网络和虚拟网络(场景 1),或者部署两个 DeNH 实体,每个实体管理一半的物理网络,以模拟全局匹配虚拟网络的环境(场景 2,如图 3.8 所示)。我们在 Mininet 内运行"h50 ping h51",测试 h50 和 h51 在虚拟网络上的连接性。结果显示,h50 在两种情况下都能到达 h51,这表明全局匹配的虚拟网络可以正确转发流量,DeNH 支持全局网络匹配。

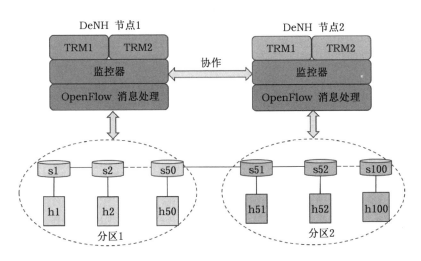

图 3.8　虚拟网络全局匹配功能测试环境和配置(场景 2)

3.4.2　性能和扩展性

3.4.2.1　映射表的同步延时

每个 DeNH 实体使用其监视器模块为租户控制器模块生成被管理的虚拟网络的映射记录,这些映射记录通过 ECS 服务器写入存储在本地数据仓库的映射表,产生本地更新延时。由于 DeNH 实体发出的每个写操作都会复制到控制平面的其他 DeNH 实体,因此写入一个映射表的映射记录会同步到其他 DeNH 实体的映射表,从而产生同步延时。当其他 DeNH 实体处理被同步的写入操作时,会产生另一个本地更新延时。因此,我们用两个 DeNH 实体之间的 RTT 的一半来估计 ECS 服务器组播写操作时两个映射表之间的同步延时。

3.4.2.2　映射表缓存的同步延时

DeNH 实体可使用 ECS 提供的注册和通知系统将其原始映射表同步到映射表缓存,该同步过程与 DisCon 的全局拓扑收敛过程类似,不同之处仅在于前一种情况需要 DeNH 实体注册自己管理的虚拟网络的所有映射记录,后一种情况需要 DisCon 实体注册从其他 DisCon 实体组播的所有远程拓扑事件。因此,我们采用与测量远程拓扑收敛延时相同的方法来测量映射表缓存同步延时。由于原始映射表及其映射表缓存位于同一台主机,缓存同步延时不包含 RTT

的一半。由于映射表中每条映射记录的容量都小于 1 000 字节,因此我们让每个写入操作更新 1 000 字节的数据,并让每个写请求带一个时间戳,记录该请求发送的时间,计算发出请求与收到通知之间的时间差。我们用 ECS 的同步写入延时(每次写入操作 1 000 字节数据)估计将映射记录更新到原始映射表的延时,结果如图 3.9 所示。

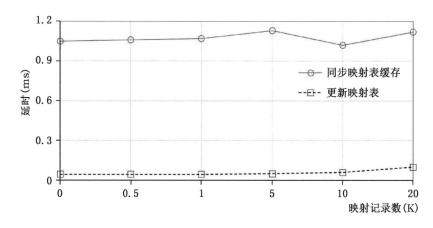

图 3.9 映射表的更新延时和映射表缓存的同步延时

显然,这两种延时不会随着映射表中映射记录的增加而显著增加,即对于映射表与其缓存之间的同步延时以及两个映射表之间的同步延时而言,记录 DeNH 实体所注册的所有映射记录的观察列表过长所造成的延时不明显。当注册的映射记录数从 0 增加到 20K 时,缓存同步延时仍保持在 1.031ms 到 1.124ms 之间。由于 DeNH 实体需要为租户控制器模块在托管 DeNH 实体的同一台主机上启动虚拟网络注册类 1 记录(如表 3.1 所示),因此注册映射记录的数量就是可管理的虚拟网络映射记录的数量,也就是 DeNH 实体可管理的虚拟网络的数量。在这个意义上,增加 DeNH 实体管理的虚拟网络数量没有增加缓存同步延时和映射表更新延时。

3.4.2.3 流设置延时

为了测量 DeNH 在虚拟网络上的流设置延时,并与现有的一些解决方案进行比较,我们构建了一个与文献[27]和[29]中描述的场景类似的测试场景。

如表 3.4 所示,我们使用一台笔记本电脑生成两台虚拟机:一台虚拟机有三个处理器和 2GB 内存,用于运行监视器实体;另一台虚拟机有一个处理器和

2GB 内存,用于运行 Cbench。将交换机的每个物理端口拆分为 100 个逻辑端口,并构建 100 个虚拟网络,这些虚拟网络的拓扑结构与 FlowN[27] 和 OpenVirteX[29] 中使用的物理网络完全相同。我们手动生成映射表,运行 Cbench 计算交换机从发送 packet_in 消息到接收再到响应的平均延时,该延时就是 DeNH 的流设置延时,让 DeNH 从映射表缓存中检索映射记录,并将其流设置延时与 FlowN、OpenVirteX、FlowVisor,以及 NOX 的延时进行比较,如图 3.10 所示,其中,NOX 的延时是非虚拟化网络的延时,是比较的基准延时;FlowN 和 OpenVirteX 也从映射表缓存中检索映射记录。

表 3.4   用于比较流设置延时的测试环境

解决方案	测试平台	描述	虚拟网络数
DeNH and NOX	laptop(i5-2700 CPU, 3.3G clock speed)	一台虚拟机运行监视器	100
FlowN & FlowVisor[27]	laptop(i5-2700 CPU, 3.3G clock speed)	一台虚拟机运行 Cbench	100
OpenVirteX[29]	laptop(i7-3500 CPU, 2.7G clock speed)	虚拟和物理网络拓扑相同	100

注:VN 是虚拟网络的缩写。

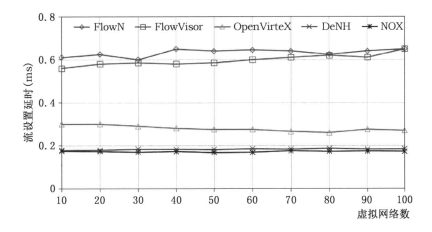

图 3.10　虚拟化解决方案的流设置延时比较

显然,虚拟网络数量的增加并没有显著改变各方案的流设置延时。DeNH 的流设置延时比 FlowN、FlowVisor 和 OpenVirteX 要小得多。与 NOX 相比,

DeNH 的流设置延时增加不到 0.015ms。我们没有将 DeNH 的流设置延时与
ONVisor[28] 和 NVP[104] 进行比较,因为它们没有开放源代码,也没有公布流设
置延时的大小。

我们还比较了 DeNH 与 NOX 控制器的流设置率。我们模拟了一个线性
网络,包含 100 台交换机和 100 台主机,并部署了 NOX 控制器(激活交换模块)
对其进行管理。我们生成 60 个拓扑结构与物理网络相同的虚拟网络,并使用
分别运行 TSM 和 TRM 的 DeNH 实体来管理该网络,使用 Cbench 来测量这两
种情况下控制平面的流设置率。结果显示,NOX 每秒可设置约 40K 个流,运行
TSM 的 DeNH 每秒可设置约 35K 个流,而运行 TRM 的 DeNH 每秒可设置约
17K 个流。这表明在交换机和租户控制器之间增加一个监视器程序模块,会增
大流设置延时而降低控制平面的流设置速率。由于 TRM 必须维护全局网络拓
扑,而维护全局网络拓扑会增加控制平面的开销,从而降低流量设置速率,因
此,TRM 比 TSM 的流设置率低。

3.4.2.4　缓存命中率

图 3.11 给出当 FlowN 和 OpenVirteX 在缓存命中率达到 100% 时,不同流
表项超时时间下,每个流发送到控制平面的总包数。但是,FlowN 和 OpenVir-
teX 在实际中可能无法提供如此高的缓存命中率。为了估算实际的缓存命中
率,我们考虑在一个大学校园数据中心捕捉的历史数据集[113]。该数据集持续 5
分钟,包含 1 005 395 个数据包。我们让具有相同源地址和目的地址的数据包
构成一个流,在跟踪数据集中识别出 3 562 个流,将流表项分别设置为空闲超时
和硬超时,超时值为 0.05~0.1 秒、1 秒、5 秒和 10 秒不等。如图 3.11(a)所示,
我们计算了每个流的数据包数量,作为基准线,然后用 Matlab 编写程序,统计
在一定超时下该数据集发送到控制平面的数据包数量。根据公式(3.2),f_i 的
数据包数为 $1+\delta_i$,其中 δ_i 是 f_i 的转发数据包数。由于转发到控制平面的第一
个数据包会发生缓存缺失,将映射记录加载到缓存中,FlowN 和 OpenVirteX
的缓存命中率可以用 $\delta_i/(1+\delta_i)$ 计算;因为 DeNH 的所有映射记录都已预先加
载,其缓存命中率为 $(1+\delta_i)/(1+\delta_i)=100\%$。

图 3.11(b)和图 3.11(c)分别显示不同流表项空闲时间和硬超时情况下,
数据集发送到控制平面的数据包数量。可以看出,无论流表项设置为空闲超时

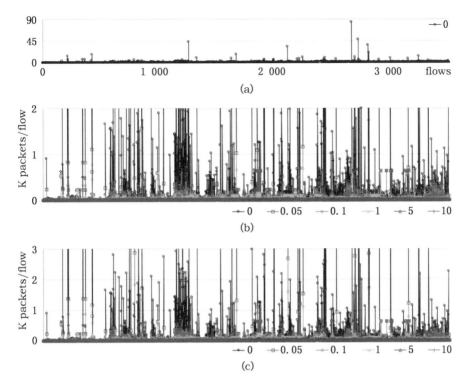

图 3.11 不同流表项超时时间设置下每个流发送到控制平面的数据包的数量

还是硬超时,每个流至少向控制平面发送了一个数据包(流的第一个数据包),流向控制平面发送的数据包数明显少于流的总数据包数,尤其是那些数据包数多的流。具体而言,如表 3.5 所示,如果流表项的空闲超时时间设置为 0.05 秒、0.1 秒、1 秒、5 秒和 10 秒,则分别有 17.7%、18.3%、25.5%、33.9% 和 38.0% 的流只向控制平面发送第一个数据包。如果流表项的硬超时设置为 0.05 秒、0.1 秒、1 秒、5 秒和 10 秒,发送到控制平面的数据包数的比例分别增至 18.7%、19.5%、30.2%、44.5% 和 51.6%。这意味着一定比例的流量的 $\delta_i = 0$,导致缓存命中率为 0,如果网络中其他流的 δ_i 较小,缓存命中率也会较低。因此,FlowN 和 OpenVirteX 的实际流设置延时可能远大于图 3.10 所示,而图 3.10 中提供的 DeNH 流设置延时则是 DeNH 在 SDN 系统上的实际流设置延时,因为 DeNH 实体管理的所有映射记录都可以预先加载到映射表缓存中,从而使缓存命中率达到 100%。

表 3.5	网络历史数据集中仅发送一个数据包到控制平面的流			单位：%
超时类型	0.05s	0.1s	1s	5s	10s
空闲超时	17.7	18.3	25.5	33.9	38.0
硬超时	18.7	19.5	30.2	44.5	51.6

3.4.3　流统计信息

3.4.3.1　内存消耗

在当前的 DeNH 实现中,映射表缓存中的每条记录占用 56 字节内存,其中 24 字节用于缓存一条映射记录(4 字节用于租户 ID,16 字节用于两个数据路径,4 字节用于两个端口号),32 字节用于统计信息,即对于每个映射记录 i,附加了 c_i、p_i、$c_{i\text{-}first}$ 和 $c_{i\text{-}recently}$,每个占用 8 字节内存。另外,根据《2018 年 IDG 云计算研究报告》[115]:77% 的企业将至少一个应用程序或部分企业计算基础设施部署到云中,76% 的企业正在寻求云应用程序和平台来加速 IT 服务的交付。因此,我们用一个包含 6 台交换机和 5 台主机的虚拟网络来模拟一个将应用程序分布到多个地点的企业,以便企业用户和员工能够快速访问该应用程序的网络场景。我们让每台交换机或主机都有一个类 1 记录和一个类 2 记录,那么该类型虚拟网络的映射缓存平均有 22 条缓存记录。考虑一个胖树结构的物理网络,采用 72 端口交换机($m=72$)互联,交换机总数为 466 560 台(通过 $\frac{5m^3}{4}$ 计算得到),主机总数为 93 312 台(通过 $\frac{m^3}{4}$ 计算得到)[116]。假设每台主机有 2CPU,每个 CPU 有 4 内核,那么一台主机可以生成 8 台虚拟机,每台虚拟机在一个内核上运行,则总共可以生成 746 496 台虚拟机。由于每个虚拟网络由 5 台虚拟机组成,该物理网络可生成 149 299 个虚拟网络,约 328 万条映射记录(通过 149 299×22 计算),缓存这些记录需要消耗约 0.18GB 内存(通过 149 299× 22×56 计算得到)。假设映射表缓存为 0.5GB,如果不考虑用于管理缓存的内存,该缓存可以保存所有的映射记录。由于该物理网络可以认为是一个大规模网络[117],与主机的内存总量(从 4GB 到 32GB 甚至更大)相比,分配 0.5GB 内存来缓存所有虚拟网络的映射记录是可以接受的。事实上,这样一个大型网络可能需要一个包含多个实体的 DeNH,以保证需要的流设置延时和流设置速率。这种情况下,每个 DeNH 实体只缓存部分映射记录,缓存映射记录和存储统计数据的实际内存使用量会更小。

3.4.3.2　准确率

本小节将估算统计数据所统计的流数据包占总数据包的百分比,以及利用这些统计数据检测大象流的准确率。我们使用与第 3.4.2.4 节中相同的网络历史数据集和公式(3.5)计算上述百分比,如图 3.12(a)所示,该百分比与流表项超时有很大关系。超时越短,被统计的数据包越多,因为超时越短,发送到控制平面的数据包就越多。在超时时间相同的情况下,硬超时下得到的百分比比空闲超时下得到的百分比大,因为网络数据包出现频繁,空闲超时可能会迫使交换机只将大象流的第一个数据包转发到控制平面;而硬超时则会迫使交换机定期将数据包转发到控制平面。

如图 3.12(a)所示,尽管只有不到 20% 的流数据包被发送到控制平面,我们依然可以利用这些流统计数据来检测网络中的大象流,因为大象流通常比老鼠流向控制平面发送更多数据包。检测网络中的大象流对于优化网络资源至关重要,因为大象流消耗了大部分网络带宽。为了估算检测精度,我们设计了一个程序,分别对原始数据集、统计信息中的各数据流的总数据包数量进行降序排序,取原始数据集排名前 10%～60% 的流作为基准线,将它们与在流表项不同超时下得到的统计信息中排名前 10%～60% 的流进行比较。

如图 3.12(b)所示,当流表项超时时间设置为 0.1 秒或更短时,我们从统计信息和原始数据集中选出前 30%、40%、50% 和 60% 的流进行比较。结果发现,两组中分别有 70%、84%、87% 和 90% 的流是相同的。如果将流表项超时时间增加到 1 秒或更长,两组流中分别会有 50%、60%、70% 和 80% 完全一致。从统计信息中选出的候选大象流越多,被选中的流是真实大象流的概率就越高。这个概率就是利用统计信息检测大象流的准确率。大多数情况下,流表项超时时间越短,准确率越高,使用硬超时比使用空闲超时的准确率更高,因为较短的空闲超时不会使数据包频繁到达的大象流向控制平面发送更多数据包,而较短的硬超时则会。由于大多数大象流能通过这种检测方法识别出来,因此 DeNH 维护的流统计信息能够在没有大量增加控制平面和数据平面开销的前提下反映网络的真实状态。

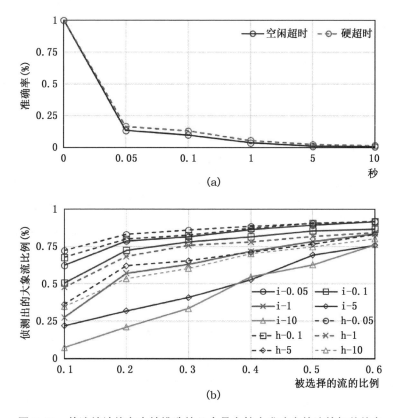

(a)

(b)

图 3.12　从流统计信息中被挑选的几个具有较大准确率的流的相关信息

　　所以,通过合理配置流表项超时能够准确检测大象流,从而优化全网资源的管理和分配。例如,通过优化网络中大象流的路由可以平衡交换机和链路的负载。使用较短的超时虽然可以强制交换机向控制平面发送更多的大象流数据包,提高检测大象流的准确性,但这种策略会导致控制平面更频繁地参与流转发,导致交换机的流转发延时增大。因此,我们需要进一步优化流表项的超时时间设置,在不降低交换机流转发延时的前提下提高大象流检测的准确性。当前大象流检测的最新研究表明,具有自适应能力的流表项超时时间设置可以使交换机在保持较低的流转发延时的同时,快速、准确地检测网络中潜在的大象流[118]。我们可以采用类似的策略,为流表项初始化较小的硬超时,以便快速检测潜在的大象流。当大象流被确认后,再将大象流的短硬超时改为较长的空闲超时,从而使交换机能够提供较低的流转发延时,该工作将会在我们今后的研究中完成。

　　另外,本章提出的方法可以汇总具有相同源主机和目的主机的流统计信息,因为映射记录与流是一一匹配的,主机与交换机的逻辑端口也是一一对应的。要分离在同一主机上运行的应用程序所产生的流统计信息,需要在单独的虚拟机上运行这些应用程序,实际上就是企业将其应用程序部署到云基础设施的一种方法。由于统计信息存储在映射表缓存中,还需要开发一个专用的应用对统计信息进行快速检索、分析,或将流统计信息从映射记录中分离。

3.5　结论

　　通过在虚拟网络和物理网络之间转换网络地址和控制逻辑,可以实现全网的完全虚拟化。DeNH 在数据平面提供基于交换机逻辑端口的资源抽象和隔离,支持控制平面的容器级隔离。利用上一章提出的 DisCon,DeNH 在每个节点完全复制全局网络拓扑和映射表,解决了当前许多分布式网络虚拟化管理解决方案的扩展性问题。DeNH 还使用默认租户控制器模块来管理虚拟网络,无须增加额外的控制,不会产生额外的安全问题,增加了各虚拟化管理实体能够支持的虚拟网络数量,进而增加网络虚拟化监视器可支持的虚拟网络数量。由于 SDN 系统使用普通读缓存来缓存地址和逻辑转换的映射记录,导致极低的缓存命中率和较长的流设置延时,本章提出一种新型的轻量级映射表缓存系统,在 DeNH 中采用记录预读取机制,将映射记录提前加载到缓存中,无须轮询原始映射表。这种预读取机制将缓存命中率提高到 100%,并有效降低了转换所产生的额外延时和控制平面的流设置延时。本章还通过 Mininet 模拟的 SDN 系统对 DeNH 的功能和性能进行了评估。DeNH 的另一个优势是能在其映射表缓存中对接收到的数据包进行统计。尽管 SDN 交换机只向控制平面发送小部分数据包以安装流表项,但评估表明,利用该流统计信息可以准确检测网络中的大象流,还可以通过合理配置流表项超时,进一步优化全网管理和资源,但需要在今后的研究中进一步优化流表项的超时值,在提高大象流检测准确性的同时保证较低的流设置延时。

第 4 章

大规模广域 SDN(WA-SDN)的
通用控制器放置问题

广域 SDN 系统需要采用交互模式,即根据全局网络视图的动态变化更新转发规则,克服传统广域网使用的静态转发策略不能适应网络动态变化的局限性[64]。但是,更新全局网络视图需要控制器通过可达性测试(reachable test)发现网络拓扑。尽管 WA-SDN 系统可以通过带内或带外控制平面实现这种可达性测试[65],但在广域网中构建控制流专用的网络设施过于昂贵,因此,本章将考虑采用带内控制平面的 WA-SDN 系统[如图 4.1(a)所示],带内控制平面在逻辑上将控制流量与数据流量分开,避免带宽的竞争,支持全网范围的管理和优化。

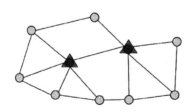 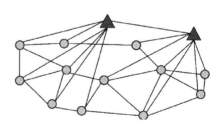

(a)具有带内控制平面的WA-SDN系统　　　　(b)具有带外控制平面的WA-SDN系统

◎ 交换机　　▲ 控制器

图 4.1　具有带内和带外控制平面的 WA-SDN 系统

　　交互模式设置转发规则和频繁更新全局网络视图需要控制平面和数据平面的交互,使用集中式控制平面,将唯一的控制器布置在大规模 WA-SDN 系统的控制平面,使控制器和交换机之间的交互延时缩短到可接受的程度,难度很大。所以大规模 WA-SDN 系统通常采用包含多个控制器的分布式控制平面,通过合理放置多个控制器,减少控制器与交换机的交互延时,提高流量和全局网络视图的管理效率,避免网络的单点故障。

　　在整个网络中寻找控制器的最佳放置位置,以便在给定网络场景下优化特定的目标,被称为控制器放置问题(Controller Placement Problem, CPP)[66]−[73]。当前的研究发现,尽量减少控制器到交换机的延时、控制器到控制器的延时和控制器间的负载不平衡,对提高网络性能、可扩展性和可用性意义重大。但是,目前的研究通常局限在特定的控制平面结构,即控制器的组织方式。由于控制器在控制平面的组织方式限制了控制平面的控制器所能采用的合作模式,而这种合作模式决定了网络的性能和可用性,所以,本章在 WA-SDN 系统中提出了一个通用控制器放置问题。该问题有三个相互冲突的目标,即同时最小化控制器到交换机的延时、控制器到控制器的延时和控制器间的负载不平衡,以协同优化控制器的组织和放置。目前的文献尚未对该类问题进行过探讨。我们所说的控制器合作模式是指在多个控制器之间进行数据交换,保证数据一致性,以及采用分布式数据仓库或分布式哈希表,进行容错或控制器间特定服务集的识别方式。

　　在大规模 WA-SDN 系统中,穷举算法无法在可接受的时间内求解 GCPP,因为问题的复杂性会随着网络规模的扩大而显著增加;基于贪婪策略(greedy strategy)的启发算法不可行,因为 GCPP 有三个相互冲突的目标,一种贪婪策略通常无法在优化一个目标的同时不恶化与其冲突的其他目标。考虑以下贪婪策略:a. 将控制器放置在(地理)距离最短的位置(贪婪策略 a);b. 将交换机连接到距离其地理位置最近的控制器(贪婪策略 b);c. 将所有交换机分成多个组,每组连接到一个控制器(贪婪策略 c)。显然,上述策略都无法同时优化给定的三个目标。虽然可以通过对目标加权或将目标转换为约束条件来简化目标[85],但这些方法无法生成 GCPP 所需的近似帕累托最优解。帕累托最优解是指一个目标函数的值无法在不降低其他目标函数值的情况下得到提高。一组帕累托最优解构成了一个帕累托前沿,显示了多目标间的权衡,允许决策者根据运营商或用户的偏好找到所需的最佳解决方案[85]。

在不涉及贪婪分配和穷举搜索的情况下,进化算法(Evolution Algorithm,EA)可以求解带冲突目标的 CPP。遗传算法(Genetic Algorithm,GA)、粒子群算法(Particle Swarm Optimization,PSO)和模拟退火算法(Simulated Annealing,SA)是三种主要的进化算法,它们分别受到自然进化、候鸟迁徙行为和金属热处理的启发[85]。虽然 PSO 有可能为许多优化问题收敛到质量良好的近似最优解,但它为带有连续目标函数的单目标优化问题而设计,因此 PSO 在求解具有离散目标函数的多目标组合优化问题的有效性尚未得到充分验证。由于 GCPP 和所有其他 CPP 都是组合优化问题,所以更适合采用 GA 和 SA。GA 通常比 SA 产生更好的近似解,但 GA 的收敛时间更长[120][121]。

为了在大规模 WA-SDN 系统中以较短的收敛时间生成高质量的 GCPP 近似帕累托前沿,本章对 NSGA-II[84]进行了扩展,使其具有基于 PSO 的变异操作(E-NSGA-II)。NSGA-II 是一种多目标 GA,已被广泛用于求解具有冲突目标的 CPP。混合使用两种 EA 有可能抵消两种 EA 的弱点,从而在短时间内收敛出更好的帕累托近似解。由于 PSO 非常简单,且能对 NSGA-II 随机性的分配策略进行引导[122],而 NSGA-II 已被证明能有效解决各种多目标优化问题,并已被 Matlab 实现,所以我们将 NSGA-II 与 PSO 混合,以快速实现一种精度更高、收敛时间更短的算法。

由于 NSGA-II 需要随机初始化种群集,NSGA-II 无法预先确定其精度,且在缺乏真实帕累托前沿的情况下,目前尚无精确评估近似帕累托前沿质量的方法[84],因此,本章引入超体积(hypervolume)[123]来评价前沿的质量,超体积衡量的是目标空间中被前沿支配的空间大小,本章还提出了一种简化的目标切片超体积(HSO)算法[131]来快速计算该指标。

评估表明,E-NSGA-II 比 NSGA-II 和贪婪算法的精度更高。由于层次分布式控制平面能够比平面分布式控制平面维持更短的控制器到交换机延时和控制器到控制器延时,所以层次分布式控制平面比平面分布式控制平面可以更好地实现负载平衡,更适合大规模网络。

本章的主要贡献有以下四个方面:①提出了 GCPP 联合优化 WA-SDN 系

统控制器的组织和布局;②提出了 E-NSGA-II 算法为 GCPP 生成高质量的近似帕累托前沿;③引入超体积来衡量近似帕累托前沿的质量,并提出一种简化的 HSO 算法来快速计算超体积;④广泛评估了所提方法的有效性,讨论了大规模 WA-SDN 系统最佳控制器的组织和放置。

4.1　背景与相关工作

4.1.1　分布式控制平面

控制平面分为集中式和分布式两种类型,如图 4.2 所示。集中式控制平面只有一个控制器;分布式控制平面有多个控制器,每个控制器管理一个网络分区。两种控制平面都能构建全局网络视图,实现全网管理和优化。分布式控制平面可细分为层次分布式[25]和平面分布式[21]-[24][26]两种。如图 4.2(b)所示,层次分布式控制平面通常分为两层,上层包含一个根控制器,下层包含多个本地控制器。每台交换机必须连接到一个本地控制器,由本地控制器维护本地网络分区的视图,并处理分区内的(本地)流量。根控制器从本地控制器收集本地网络视图创建全局网络视图,处理由本地控制器转发的全网流量(跨分区的流包的路由)。根控制器可以作为任何本地控制器的备份,但其本身也是网络中的单点故障[25]。

如图 4.2(c)所示,平面分布式控制平面以对等方式组织控制器。控制平面中的控制器是对等体,扮演相同的角色,既处理本地流量,也处理全网流量。虽然平面分布式控制平面通过让每个控制器成为其他控制器的备份大大提高了可用性,但这种控制平面的控制器需要相互协作来构建/检索全局网络视图[21]-[24][26],可能会在转发新流量和更新全局网络视图时产生较大延时。

如果具有多个控制器的控制平面不支持控制器间的协作,那么这类控制平面管理的整个网络会被分割成多个孤立的分区,每个分区由一个控制器管理。虽然控制器可以维护其管理分区的本地网络视图,但控制平面并不能构建全局网络视图,无法支持全网范围的资源管理和优化。当前文献提出了一些基于这类控制平面的 CPP[66]-[68],但由于这类控制平面牺牲了全局网络视图,在技术上并不具有逻辑集中性,本章将这种控制平面称为孤立分布式控制平面,如图 4.2(d)所示。

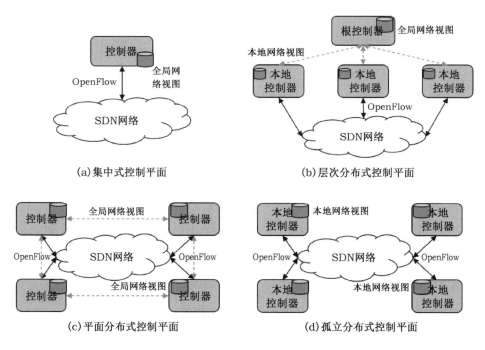

(a)集中式控制平面

(b)层次分布式控制平面

(c)平面分布式控制平面

(d)孤立分布式控制平面

图 4.2　集中式控制平面和分布式控制平面

4.1.2　控制器放置问题

　　海勒等人在文献[66]中首次提出了 SDN 系统的 CPP 问题,并在 WA-SDN 系统得到了最小化控制器到交换机延时的最佳控制器位置。表 4.1 列出了目前研究人员提出的一些控制器放置问题。由于 WA-SDN 系统的节点在地理上分布广泛,传播延时比其他类型的延时(如在交换机上处理流量或在控制器上处理 OpenFlow 消息时产生的处理延时、排队延时和传输延时[90]等)要长得多,因此,在 WA-SDN 系统中求解 CPP 通常不需要考虑网络的真实数据流。尽管部分 WA-SDN 系统的 CPP 已被扩展到最小化控制器容量[67][70]、最大化网络的可靠性[68][69],或同时优化两个或多个目标函数[30][69][119][125]—[127][129],但是这些 CPP 通常基于具有一定控制器组织方式的特定控制平面结构,本章提出的 GCPP 是第一个联合优化控制器组织和放置位置,以便同时最小化 WA-SDN

系统的控制器到交换机延时、控制器到控制器延时和控制器负载不平衡的研究工作。近期,Wang 等人在文献[128]中提出了另一种 WA-SDN 系统的 CPP,该 CPP 在计算网络延时时,除了考虑传播延时外,还考虑了排队延时和传输延时,但该 CPP 只对控制器到交换机的延时进行了最小化,没有考虑不同控制器组织形式下控制平面内,控制器到控制器的延时和控制器负载不平衡。

表 4.1　　　　　　　　　　相关控制器放置问题的比较

控制器放置问题	控制平面类型	目标函数个数	求解算法	网络类型	优化类型	度量指标
Keller's[64]	指定	1	贪婪	PoP	⑤	①
Ros'[68]	指定	1	贪婪	PoP	⑤	①
Lange's[119]	指定	1	贪婪	核心网	⑤	②
Wang's[128]	指定	1	贪婪	核心网	⑤	①
Zhang's[30]	指定	2	穷举	核心网	⑤	①
Lange's[126]	指定	2	PSA	核心网	⑤	②
POCO[69]	指定	3	穷举	核心网	⑤	①
DCPP[127]	指定	3	E-NSGA-II	PoP	⑤	③
DBCP[129]	指定	3	贪婪	核心网	⑤	③
GCPP	通用	3	E-NSGA-II	PoP	⑤&⑥	④

注:①寻找全局最优解,②计算近似帕累托前沿到真实帕累托前沿的距离,③直接比较不同帕累托前沿的分散度和距离,④超体积,⑤优化控制器的位置,⑥优化控制器的组织方式。

因为一个数据中心网络的节点通常放置在地理上紧邻的位置,所以,它的 CPP 通常只考虑节点的处理延时、排队延时和传输延时,而不是链路的传播延时。虽然当前的研究针对不同情况下的数据中心网络的不同的 CPP 优化目标进行了模型化,但此类 CPP 建模的前提是建立流量模型和处理流量的控制器的模型,从而达到通过优化交换机的分配来平衡控制器的负载和提高链路的弹性,进而提高数据中心网络的性能和可用性[71]-[73][130]的目的。相反,由于 WA-SDN 系统中的交换机和控制器地理分布广泛,同时优化控制器位置和交换机分配对于 GCPP 最大限度地减少大规模 WA-SDN 系统中控制器到交换机延时、控制器到控制器延时和控制器间的负载不平衡变得至关重要。尽管可以对多个目标进行加权或将某些目标转换为约束条件,以减少目标数量,降低 CPP 的复杂性,但只有同时最小化三个相互冲突的目标才能为 GCPP 生成高质量的近似帕累托前沿。

4.1.3 控制器放置问题的求解

穷举法可以确定 CPP 的最优解,但在大规模网络上求解 CPP 耗时过长。由于核心网络的规模有限,Zhang 等人[30]和 Hock 等人[69]使用穷举算法求解核心网络上的 CPP。当 CPP 必须考虑规模更大的网络,例如在地理上分布有更多交换机的存在点(PoP)[120]网络,或拥有更多控制器以实现网络功能虚拟化(NFV)的网络时,求解该类 CPP 通常需要使用基于贪婪策略的启发式算法。K-Medoids 是一种典型的基于贪婪策略的启发式算法,它采用前文介绍的贪婪策略 b,将交换机连接到距离最近的控制器上,可以快速求解大规模网络上的 CPP[64][68],但该方法不适合求解 GCPP,因为贪婪策略 b 只能最小化控制器到交换机的延时,不能同时最小化控制器到控制器的延时和控制器负载不平衡。文献[129][130]中使用了基于贪婪策略 c 的网络分区方法,该方法简化了最小化控制器负载不平衡这个优化目标,没有考虑同时最小化控制器到交换机延时和控制器到控制器延时这两个优化目标。虽然 Lange 等人在文献[119]中采用贪婪策略 b 求解 CPP,以最小化大规模网络中控制器到交换机的延时和控制器负载不平衡,但最小化控制器负载不平衡这个优化目标被转换成约束条件,所以贪婪策略 b 实际上只用于最小化控制器到交换机延时。由于 GCPP 需要生成高质量的近似帕累托前沿,将优化目标转换为约束条件也不适合 GCPP。

EA 通常可以为任何优化问题找到近似最优解。通过巧妙编码并设计适配函数对子代进行选择,GA、PSO 和 SA 等 EA 在近期的研究中被广泛用于求解 CPP[125]-[127][131]-[137]。PSO 的进化过程以局部和全局位置最佳解为引导,因此,PSO 通常能快速收敛到近似最优解。但是,PSO 主要针对具有连续目标函数的单目标优化问题而设计,尽管已经在某些特定情况下被拓展用于求解带离散目标函数的多目标 CPP[125][136],但其在求解带离散目标函数的组合优化问题方面的有效性,尚未得到充分验证。GA 受到自然进化的启发,使用选择、交叉和变异算子来逐步提高解的适应性,避免陷入局部最优解[85]。SA 通过在探索解空间时缓慢降低接受较差解的概率来广泛搜索全局最优解[85]。GA 和 SA 可以解决组合优化问题,因此多目标 GA 和 SA 可以求解 GCPP。GA 通常能生成质量更好的近似帕累托前沿,但其收敛时间较长[120][121]。PSA[126] 是一种能求解多个冲突目标 CPP 的 SA,但它只在具有两个目标的核心网络上进行过评估。因此,本章尝试对 NSGA-II 进行扩展,加入基于 PSO 的变异因子,以便在求解大规模网络的 GCPP 时获得更高的精度和更短的收敛时间。

两种 EA 的混合算法通常能够获得比单一 EA 更高的精度和更短的收敛时间,因此得到了广泛使用。由于 PSO 非常简单,收敛时间通常也很短,所以 PSO 可以与其他的 EA 混合,混合的具体方法见文献[125],本章混合的方法是将 PSO 作为 GA 的算子之一,而不是将 PSO 和 GA 串行或并行使用。

为了将 PSO 扩展到多目标优化问题,本章沿用了 Mostaghim[137] 提出的,将粒子群细分为子群的基本思想,但引入了一种新颖的子群策略,即预先计算一个目标的全局最佳位置,并使用符合度最大的全局最佳位置将粒子群分成子群。本章进而将这种子群策略扩展到 NSGA-II 的变异算子中,从而综合了 PSO 和 NSGA-II 的优势,在求解 GCPP 时获得更高的精度和更短的收敛时间。

4.1.4　准确度衡量指标

选择一个好的近似帕累托前沿或比较多种近似算法准确性的关键,是要衡量近似帕累托前沿的质量。一个好的近似帕累托前沿应该覆盖较宽的范围,且尽可能靠近真实的帕累托前沿[84]。由于单一目标的 CPP 只有一个最优解,比较多个近似最优解的质量难度不大。但具有多个目标的 CPP 的解是一个多维的近似帕累托前沿,比较这些前沿的质量难度很大。为了解决这个问题,Lange[119][126] 计算了近似帕累托前沿与真实帕累托前沿之间的距离,但该方法并不适合大规模网络的 GCPP,因为真正的帕累托前沿可能无法在可接受的短时间内获得。该方法也无法准确比较多个近似帕累托前沿的质量,因为当前尚无通用的方法测量两个前沿的距离,从而准确捕捉前沿之间的支配关系。直接比较多个近似帕累托前沿的分散度和接近程度也不能准确反映前沿之间的支配关系,尤其是多个前沿相互交叉时[127][129]。

为了解决这些问题,本章引入超体积这个通用指标,通过计算近似帕累托前沿所支配的目标空间大小,捕捉多个前沿之间的支配关系,衡量近似帕累托前沿的质量,从而评估近似算法的准确性[123]。

4.2　通用控制器放置模型

表 4.2　　　　　　　　　　　　　本章所使用的符号及其描述

符号	描述
I	控制器集合
J	交换机集合
CP	一个控制器放置方案
AS	一个交换机分配方法
$D_{ctos}(CP,AS)$	给定控制器放置和交换机分配下控制器与交换机间的平均延时
$D_{ctoc}(CP)$	给定控制器放置下控制器间的平均延时
$L(CP,AS)$	给定控制器放置和交换机分配下控制器间的最大负载差
C1	两个控制器不能放置在相同的地理位置
C2	每个交换机只能连接到一个控制器
C3	每个交换机在其连接的控制器上产生一个单位的负载
i	控制器集合 I 中的一个控制器
k	控制器集合 I 中的另一个控制器
j	交换机集合 J 中的一个交换机
$cp(i)$	控制器 i 的放置
$cp(k)$	控制器 k 的放置
$as(j)$	交换机 j 的连接(到控制器)
a_{ij}	二进制参数,描述交换机 j 到控制器 i 的连接关系
b_{ik}	二进制参数,描述控制器 i 与控制器 k 的协作关系
c_i	控制器 i 的负载
p_{ij}	控制器 i 与交换机 j 之间的传播延时
p_{ik}	控制器 i 和控制器 k 间的传播延时

给定一个网络,控制器集合为 I,交换机集合为 J,让 $|I|=m,|J|=n$。对

于每个控制器 $i\in I$,其位置由 $cp(i)$ 给出,那么 $cp(1),cp(2),\cdots,cp(m)$ 给出了所有控制器位置 CP。对于每台交换机 $j\in J$,$as(j)$ 代表交换机 j 所连接的控制器,$as(1),as(2),\cdots,as(n)$ 代表所有交换机及其所连接的控制器组成的交换机分配 AS。对于每个 CP 和 AS,我们计算控制器到交换机的平均延时 $D_{ctos}(CP,AS)$、控制器到控制器的平均延时 $D_{ctoc}(CP)$,以及控制器间的最大负载差 $L(CP,AS)$,以便对整个网络的性能和扩展性进行模型化。

考虑以下三个约束条件:①两个控制器不能放置在相同的地理位置(C1);②每台交换机只能连接到一个控制器(C2);③每台交换机在其连接的控制器上产生一个单位的负载(C3)。在层次分布式控制平面中,C1、C2 和 C3 中的本地控制器被简称为控制器。

考虑两个不同的控制器 i 和 k,以及交换机 j,我们用二进制参数 a_{ij} 来描述交换机 j 与控制器 i 的连接关系,用参数 b_{ik} 描述控制器 i 和 k 的协作关系,$a_{ij}=1$ 或 $b_{ik}=1$ 表示这样的连接和协作成立,否则它们等于 0。$i=as(j)$ 表明交换机 j 分配给控制器 i 管理。控制器 i 和 k 之间是否存在协作在很大程度上取决于它们的组织方式。平面分布式控制平面的两个控制器必须存在合作关系,而孤立分布式控制平面的两个控制器不存在合作关系。层次分布式控制平面允许其根控制器和本地控制器之间进行合作,但两个本地控制器之间通常无合作。假设 c_i 是控制器 i 的负载,那么该负载通过 $\sum_{j\in J}a_{ij}$ 计算。p_{ij} 表示控制器 i 和控制器 j 之间的传播延时,也是控制器放置位置 $cp(i)$ 和控制器放置位置 $cp(k)$ 之间的传播延时;p_{ik} 表示控制器 i 和控制器 k 之间的传播延时,也是交换机分配 $cp(i)$ 和 $cp(k)$ 之间的传播延时。各种控制平面的控制器到交换机平均延时、控制器到控制器平均延时和最大控制器负载不平衡可分别计算如下:

$$D_{ctos}(CP,AS)=\frac{1}{|J|}\sum_{i\in I}\sum_{j\in J}a_{ij}p_{ij} \tag{4.1}$$

$$D_{ctoc}(CP)=\frac{\sum_{i\in I,k\in I}b_{ik}p_{ik}}{\sum_{i\in I,k\in I}b_{ik}} \tag{4.2}$$

$$L(CP,AS)=Max_{i\in I}c_i-Min_{i\in I}c_i \tag{4.3}$$

尽管控制器到交换机以及控制器到控制器的最大延时可用类似方法计算,但本章使用平均延时来反映一般网络性能。平面分布式控制平面可用公式(4.1)计算交换机与控制器之间的平均延时,用公式(4.2)计算控制器之间的平均延时,用公式(4.3)计算控制器之间的最大负载差;而层次分布式控制平面则可用公式(4.1)计算交换机与本地控制器之间的平均延时,公式(4.2)计算本地控制器与根控制器之间的平均延时,公式(4.3)计算本地控制器之间的最大负载差。参数 $b_{ik}=0$ 适用于控制器间无协作的孤立分布式控制平面,这种情况下,公式(4.2)没有意义,但公式(4.1)和(4.3)仍可用于计算交换机与控制器间的平均延时以及控制器间的最大负载差。一般情况下,公式(4.1)、(4.2)和(4.3)适用于上述三种分布式控制平面,所以,GCPP 可被模型化为:$Min_{CP,AS}$ $[D_{ctos}(CP,AS),D_{ctoc}(CP),L(CP,AS)]$,使得在给定 WA-SDN 系统的每个 CP 和 AS 上,限制条件 C1、C2 和 C3 被满足。

4.3 E-NSGA-II

NSGA-II 是一种被广泛应用的多目标 GA。GA 源自自然进化论,通过选择、交叉和变异算子从当前种群中选择适应度较高的父代,产生子代,再进行进化。NSGA-II 用染色体来描述多目标优化问题的解,并设计适合度函数来评估每个解在目标空间的适合度,NSGA-II 在理论上可求解任何多目标优化问题[84]。

4.3.1 染色体和适合度函数

使用 NSGA-II 求解 GCPP 需要对两个染色体进行编码。如图 4.3 所示,染色体 1 代表控制器放置 CP,染色体 2 代表交换机分配 AS。染色体 1 上的每个基因代表一个控制器位置,染色体 2 上的每个基因代表一个交换机位置。适合度函数根据公式(4.1)、(4.2)和(4.3)产生。如图 4.4 所示,在给出种群大小的迭代次数后,NSGA-II 从随机生成的种群集开始,然后使用适合度函数来评估每个种群的质量,以便种群可以使用选择、交叉和突变算子来生成后代。

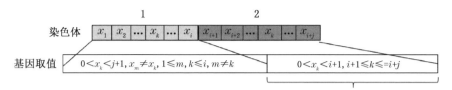

图 4.3　染色体和基因

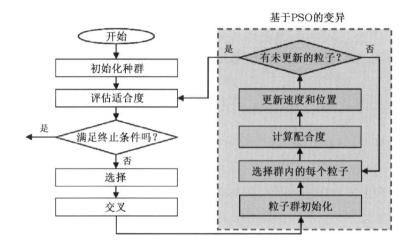

图 4.4　E-NSGA-II 算法的流程图

4.3.2　选择

选择算子从当前种群集合中选择种群构造交叉算子的父种群。为了收敛到一个良好的近似帕累托前沿,NSGA-II 会选择具有高适合度且在前沿上距离较远的成员,以保持种群池的多样性[84]。E-NSGA-II 在扩展 NSGA-II 以求解 GCPP 时沿用该选择策略。

4.3.3　交叉和变异

选择算子生成父种群后,NSGA-II 运行交叉和变异算子生成子种群。NS-GA-II 可采用多种方式进行交叉和变异[85]。Matlab(2015 版)自带的 NSGA-II

算法默认交叉算子,首先随机选择两个父代解作为 $p1$ 和 $p2$,生成一个范围在 $[0,1]$ 之间的随机变量,再通过指定权重 r 和参数 R,使用公式 $child = p1 + r \times R \times (p2 - p1)$ 生成子代,如图 4.5 所示。

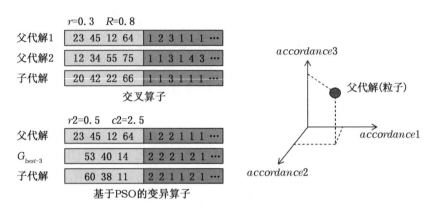

图 4.5　交叉算子和变异算子

交叉算子得到的子种群作为变异算子的父种群送入变异算子。Matlab (2015 版)提供的 NSGA-II 算法默认使用自适应变异算子,该算子随机生成变异的方向和步长,在满足基因约束条件的前提下对父染色体的某些基因值进行微调。由于该交叉算子和变异算子具有随机性,并不总能产生适合度高的后代,因此使用 NSGA-II 求解 GCPP 可能会产生质量较差的近似帕累托前沿,或者收敛时间较长。为此本章提出采用 E-NSGA-II,通过使用 PSO 变异算子来扩展 NSGA-II。我们选择变异算子而不是交叉算子来结合 PSO,是因为变异算子难以快速收敛到全局最优解,而 PSO 可以通过全局和局部最优解的引导,在进化中逐渐弥补该弱点[122]。

PSO 也是一种进化算法,其灵感来自鸟类的迁徙运动,通过识别处于最佳位置的鸟类,鸟群中的其他鸟类会调整速度和位置,以达到最佳迁徙路线。在应用 PSO 求解优化问题时,首先需要确定"鸟"(即"粒子")的数量。每个粒子在解空间有一个初始位置,并以给定的速度移动。适合度函数用于评估粒子位置的质量。PSO 维护整个粒子群的全局最佳位置(G_{best})和某个粒子的局部最佳位置(L_{best})。给定第 k 代的一个粒子,用 V^k 和 P^k 代表该粒子的速度和位置。设 c_1 和 c_2 为两个正变量,r_1 和 r_2 为两个随机变量,其取值范围为 $[0,1]$,则该粒子可以利用公式(4.4)更新速度,其中 w 为 V^k 的权重,$c_1 r_1$ 为局部最佳位置与当前位置之间距离的权重,$c_2 r_2$ 为全局最佳位置与当前位置之间距离的权重[122]。粒子的位置可通过公式(4.5)进行更新。

$$V^{k+1} = wV^k + c_1 r_1 (L_{best} - p^k) + c_2 r_2 (G_{best} - P^k) \qquad \textbf{(4.4)}$$

$$P^{k+1} = P^k + V^{k+1} \qquad \textbf{(4.5)}$$

因为 PSO 中粒子的移动受局部和全局最佳位置的引导,所以 PSO 通常能够快速收敛。因为 E-NSGA-II 是 NSGA-II 的扩展,具有基于 PSO 的变异算子,所以 E-NSGA-II 综合了 NSGA-II 和 PSO 的优势,能够在较短的时间内将 GCPP 收敛到高质量的近似帕累托前沿[122]。

我们将 PSO 结合到变异算子,将粒子数设置为父代种群的大小,种群的个体为粒子的位置。对于 GCPP 来说,粒子的位置就是种群的一个个体,其染色体如图 4.3 所示。我们使用贪婪算法预先计算出全局最佳位置 $G_{best\text{-}i}$ 及其适合度 $f_{best\text{-}i}$,以在目标 i 上引导粒子。由于 GCPP 有三个目标,我们预先计算了种群的三个全局最佳位置,即 $G_{BEST} = (G_{best\text{-}1}, G_{best\text{-}2}, G_{best\text{-}3})$,其对应的适应度为 $F_{best} = (f_{best\text{-}1}, f_{best\text{-}2}, f_{best\text{-}3})$。对于每个粒子,使用公式(4.6)计算它与 G_{BEST} 中每个全局最佳位置 $G_{best\text{-}i}$ 的符合度 $accordance_i$,其中 f_i 是粒子在目标 i 上的适应度。由于粒子的速度初始化为 0,且每个粒子在变异过程中只进行一次迭代,因此公式(4.4)可简化为公式(4.7)(如图 4.5 所示)来计算粒子的速度,而粒子的位置仍按公式(4.5)进行更新。粒子的新位置构成变异的子种群,从而产生新的种群集,开始新的一代。

$$accordance_i = f_{best\text{-}i} / f_i \qquad \textbf{(4.6)}$$

$$V^{k+1} = c_2 r_2 (G_{best} - P^k) \qquad \textbf{(4.7)}$$

在公式(4.4)、(4.5)和(4.7)中的 P^k、P^{k+1}、G_{best} 和 L_{best} 是 GCPP 的解,如图 4.5 所示,它们都包含两个染色体。公式(4.4)和(4.7)中的 V^k 和 V^{k+1} 是矢量,矢量的每个元素代表染色体中一个基因的变化。由于这些元素是实数,而染色体中每个基因必须是整数,以代表网络中控制器或交换机的位置,所以,我们必须进行一些调整,以确保公式(4.5)计算出的 P 的每个元素都是整数,并满足图 4.5 所示的约束条件。

为了预先计算全局最佳位置集,首先需要运行一个穷举算法,应用贪婪策略 b 寻找控制器的位置,使控制器到交换机的延时最短。然后将生成的控制器位置设为位置 1,将生成的交换机分配设为分配 1,将位置 1 和分配 1 的组合(位置 1＋分配 1)作为全局最佳位置集的第一个元素,并引导粒子达到控制器到交换延时最小化的目标。然后运行穷举算法,找出控制器到控制器延时最短的控制器位置。将找到的控制器位置设为位置 2,位置 2 和分配 1 的组合(位置 2＋分配 1)成为全局最佳位置集的第二个元素,并引导粒子达到控制器到控制器延时最小的目标。最后,将控制器位置固定为位置 1,应用贪婪策略 c 寻找控制器负载差最小的交换机分配。将找到的交换机分配设为分配 2,并将全局最佳位置集的第三个元素设为位置 1 和分配 2 的组合(位置 1＋分配 2),以引导粒子达到控制器负载差最小的目标。这样,我们构建的全局最佳位置集由三个元素组成,每个元素在一个目标上引导粒子,基于 PSO 的变异得到实现。

算法 4.1   基于 PSO 的变异算子的伪代码

1:输入:父代种群、父代适合度集、全局最佳解集、全局最佳适合度集
2:输出:子代种群
/＊粒子群的大小等于父代种群的大小,粒子的位置是父代个体的放置位置＊/
3:for 父代种群中的每个父代个体 do
4:    粒子的位置＝当前这个父代个体的放置位置
5:    for 全局最佳解集的每个成员 do
6:       运用公式(4.6)计算该个体的 *accordance*
7:    end for
8:    在全局最佳位置集中选择具有最大 *accordance* 的成员
9:    用公式(4.7)更新速度
10:    用公式(4.5)更新位置
11:    将位置添加到子代种群
12:end for

选择 PSO 而非其他 EA 与 NSGA-II 结合,主要考虑到 PSO 的简单性和引导进化的优势[122],以便在更短的收敛时间内估算出精度更高的近似帕累托前沿。

4.4   准确性度量

由于超体积测量的是目标空间中近似帕累托前沿所支配的空间大小,所以

超体积能用一个标量同时捕捉前沿的扩散度和相邻程度,是当前唯一能评估多个前沿间的支配关系的一元度量[123]。所以,超体积被用作评估近似帕累托前沿质量的指标,也可用于比较产生近似帕累托前沿的算法的准确性。

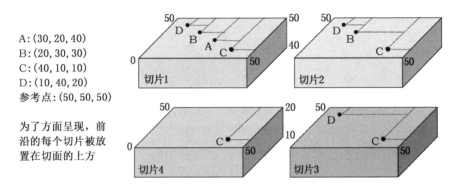

A:(30,20,40)
B:(20,30,30)
C:(40,10,10)
D:(10,40,20)
参考点:(50,50,50)

为了方面呈现,前沿的每个切片被放置在切面的上方

图 4.6　简化 HSO 算法的基本思想

计算多维帕累托前沿的超体积通常非常昂贵。HSO 是一种计算超体积的高效算法[131],它根据目标函数的大小在超体积中反复切片,再将这些切片的体积相加,计算出总的超体积。但是,一般的 HSO 算法适用于目标最大化的优化问题。我们为 GCPP 开发一种简化的 HSO 算法,它能使三个目标最小化,并快速计算前沿的超体积。

简化的 HSO 采用相同的策略,首先选择一个参考点,计算到该参考点的超体积,然后对目标进行切分。通过计算每个切片的超体积再求和,得到整个前沿的超体积。简化 HSO 与一般 HSO 主要有两点不同:(1)简化 HSO 使目标最小化(而不是最大化),简化 HSO 选择的参考点在目标空间的每个维度都比近似帕累托前沿中的解值大得多;(2)简化 HSO 首先切分控制器负载差这个目标,再计算最小化控制器到交换机和控制器到控制器延时目标的切片高度和超面积,切片高度与超面积相乘即可得到切片的超体积,而前沿的超体积则是切片超体积的总和。

图 4.6 描述了简化 HSO 在计算仅有四个解的帕累托前沿的超体积时的基本思想,简化 HSO 的细节由算法 4.2 给出。

算法 4.2   **简化 HSO 算法的伪代码**

1: INPUT: 参考点 $(r1, r2, r3)$, 一个近似帕累托前沿, 前沿的每个点根据其控制器负载差进行降序排列

2: OUTPUT: 前沿的超体积

3: 初始化 li_{ref} 为 $r3$

/ ∗ 在解空间对控制器负载差维度进行切片 ∗ /

4: for 对于 P_{sorted} 中包含的每一个不同的控制器负载差值 do

5:        让 P_c 等于 P_{sorted}

6:        将 P_c 中具有控制器负载差的值大于 li_{ref} 的点删除

7:        将 P_c 所有点的控制器负载差维度删除并删除被支配点

8:        将 P_c 的点在控制器到交换机延时的维度降序排列

9:        分别初始化 $delay_{ctosref}$ 和 $delay_{ctocref}$ 为 $r1$ 和 $r2$

/ ∗ 在解空间对控制器到交换机延时维度进行切片 ∗ /

10:      for 对于 P_c 的每个点 do

11:          初始化 $delay_{ctoscur}$ 为当前点的控制器到交换机延时

12:          初始化 $delay_{ctoccur}$ 为当前点的控制器到控制器延时

13:          计算当前条形图的宽度和长度

14:          计算当前条形图的超面积

15:          更新 $delay_{ctosref}$ 为 $delay_{ctoscur}$

16:      end for

17:      计算所有超面积的和

18:      计算当前切片的超体积

19:      更新 li_{ref} 为 li_{cur}

20: end for

21: 计算所有切片的超体积的和

具体而言, 算法 4.2 从一个 for 循环开始, 在目标空间中将控制器负载不平衡度从大到小进行切分, 每个片段保留一个参考负载不平衡度 li_{ref} 和一个当前负载不平衡度 li_{cur}。顶部切片的 li_{ref} 由参考点的控制器负载不平衡度决定, li_{cur} 是当前切片的控制器负载不平衡度, 而较低切片的 li_{ref} 则由其较高相邻切片的 li_{cur} 决定, 切片的高度由 $li_{ref} - li_{cur}$ 计算得出。

为了计算目标空间其他两个维度上的切片超空间, 需要丢弃控制器负载不平衡度大于切片参考负载不平衡度 li_{ref} 的点, 并生成新的前沿。新前沿的控制器负载不平衡维度被删除, 新前沿中所有受支配的点被丢弃后, 其他的点按控制器到交换机的延时维度降序排序。然后, 简化的 HSO 开始另一个 for 循环,

在目标空间中将控制器到交换机延时维度上的新前沿点从大到小进行切分,这样一个切分的超空间就变成了多个条的超空间之和。每个条形图保持一个参考控制器到交换机延时 $delay_{ctosref}$、一个参考控制器到控制器延时 $delay_{ctocref}$、一个当前控制器到交换机延时 $delay_{ctoscur}$ 和一个当前控制器到控制器延时 $delay_{ctoccur}$。条形图的 $delay_{ctocref}$ 由参考点的控制器到控制器延时给出。最右边条形图的 $delay_{ctosref}$ 由参考点的控制器到交换机延时给出,其他条形图的 $delay_{ctosref}$ 由其右侧邻居的 $delay_{ctoscur}$ 给出、条形图的 $delay_{ctoscur}$ 和 $delay_{ctoccur}$ 分别为切分点的控制器到交换机延时和控制器到控制器延时。条形图的超空间是其宽度($delay_{ctosref} - delay_{ctoscur}$)和长度($delay_{ctocref} - delay_{ctoccur}$)的乘积。切片的超空间是所有条形图的超空间之和,切片的超体积是其高度与超空间的乘积。所有切片的超体积相加,得到前沿的超体积。

考虑一个在包含 j 台交换机的网络上有 k 个解的 GCPP 近似帕累托前沿,一般 HSO 的复杂度为 $O(k^2)$[131]。然而,许多 WA-SDN 系统的 j 远远小于 k,例如,Rocketfuel 数据集[139][140]中最大的网络只有 92 个节点,而在 NSGA-II 和 E-NSGA-II 中,k 被设为 800。最坏情况下的 GCPP 有一个近似帕累托前沿,该前沿有 k 个点,控制器负载不平衡度在 0 到 j 之间,简化 HSO 可以在控制器负载不平衡度维度上做 $j+1$ 个切片,每个切片的高度为 1。对于 $j \geqslant k$ 的大规模 WA-SDN 系统,这两种 HSO 具有相同的复杂度。

4.5   评估

本节首先评估 E-NSGA-II,然后使用 E-NSGA-II 求解 GCPP,协同优化大规模 WA-SDN 系统的控制器组织和布局。为了不失一般性,我们从 Rocketfuel 数据集中选择 12 个真实的互联网服务提供商(ISP)网络,节点数从 17 到 92 不等,覆盖不同的地理区域,如表 4.3 所示。实验中使用的算法都在 Matlab 中实现,在笔记本电脑运行。收敛时间使用 Matlab 的"tic"和"toc"函数测量。

表 4.3 Rocketfuel 数据集中的网络

ASN	节点	运营商	ASN	节点	运营商	ASN	节点	运营商
15290	17	Allstream	3300	41	BritishTel	3356	62	Level3US
9942	23	Soul conv	6543	41	Ecospar	3320	70	Teutsche Tel AG
8220	25	Tal-de	1221	44	Telstra	701	82	MCI
577	29	Bell Canada	1239	52	Sprintlink US	3561	92	CenturyLink US

注:ASN 是网络的自治系统号。

4.5.1 E-NSGA-II

当真实最优解无法快速得到时,评估 NSGA-II 和 E-NSGA-II 的准确性难度很大。考虑 ASN 为 15290 的网络,该网络包含 17 个节点、4 台控制器(如表 4.3 所示),使用穷举法必须进行 $17^4 \times 4^{17}$ 次搜索才能找到 GCPP 的真实帕累托前沿。如果在一台主机上运行该穷举算法,使用目前最快的 CPU[140],时钟频率为 5GHz/s,每秒处理 5G 条机器指令,假设每次搜索需要处理 r 条机器指令,则穷举法算法需要 $17^4 \times 4^{17} r/(5 \times 10^9)$ 秒,才能收敛到 GCPP 的帕累托前沿。实际上,每条程序指令可能由多条机器指令组成,而一次搜索需要多条程序指令来生成放置、计算放置的适合度、将放置和适合度存储到内存,并管理使用过的内存。所以,穷举法的实际收敛时间较长,即使使用并行搜索,其收敛时间也随着网络规模的扩大而大幅增加。因此,使用穷举法求解 GCPP 非常耗时。

于是,我们首先比较 E-NSGA-II 与穷举法和 NSGA-II 在仅最小化控制器到交换机延时的 CPP 上的场景(场景 1),以证明 E-NSGA-II 与真正的帕累托最优解相比,能生成高质量的近似帕累托最优解;然后,我们对 E-NSGA-II 与贪婪算法和 NSGA-II 求解 GCPP 进行比较(场景 2),以准确评估不同近似算法在不涉及真正帕累托前沿的情况下生成的近似前沿的质量。由于控制平面结构不会影响算法精度的测量,我们只为每个算法选定一个带 4 台控制器的平面分布式控制平面的网络,并计算算法的精度和收敛时间。

4.5.1.1 场景 1

场景 1 将种群大小和迭代次数设为 200。由于情景 1 的 CPP 只有一个目

标,其全局最佳位置集也只包含一个成员,因此我们采用贪婪策略 b,将交换机
与其距离最近的控制器相连,并放弃染色体 2。我们不预先计算全局最佳位置,
而是从父代种群中选择适合度最高的成员作为全局最佳位置,取每个选定网络
10 次运行的最小解和平均收敛时间。

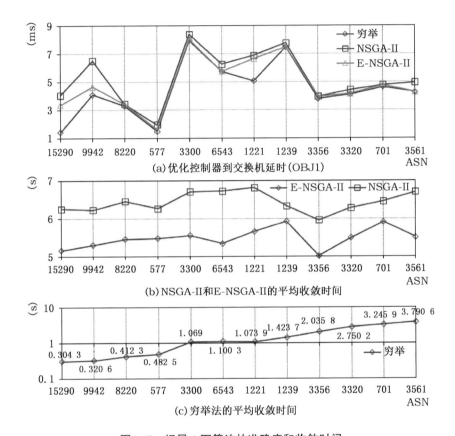

图 4.7　场景 1 下算法的准确度和收敛时间

如图 4.7(a)所示,对于每个选定的网络,E-NSGA-II 都比 NSGA-II 找到了
具有更短的控制器到交换机延时的解,E-NSGA-II 在 ASN 为 6543、1239 和
3561 的网络中找到了真正的全局最优解,而 NSGA-II 没能在任何网络中达到
全局最优。

图 4.7(b)和(c)(对数坐标)显示了平均收敛时间。显然,尽管 E-NSGA-II
和 NSGA-II 的收敛时间都没有随着网络规模的扩大而增长,在所有选定的网

络中，E-NSGA-II 的收敛时间都比 NSGA-II 短，而穷举算法的收敛时间要长得多，随着网络规模的扩大，收敛时间也显著增加。这是因为在一个有 n 台交换机和 4 台控制器的网络中，穷举算法需要进行 n^4 次搜索才能找到全局最优值。而 E-NSGA-II 和 NSGA-II 的最大搜索次数是其种群大小和迭代次数的乘积，在这里为 40 000。

4.5.1.2 场景 2

场景 2 中，我们采用贪婪策略 b，将交换机连接到距离最近的控制器上，并让算法遍历每个控制器的位置。我们没有将 E-NSGA-II 与 PSA 进行比较[126]，因为 PSA 用来保持近似帕累托前沿多样性的机制尚未公布，而且基于 SA 算法生成的近似帕累托前沿的质量往往低于基于 GA 算法生成的近似帕累托前沿的质量[120][121]。

图 4.8 展示了这 3 种算法为 ASN 为 3561 的网络的 GCPP 生成的近似帕累托前沿，由于这些近似帕累托前沿相互交叉，很难直接判断哪个前沿质量更好，因此，需要计算前沿的超体积。

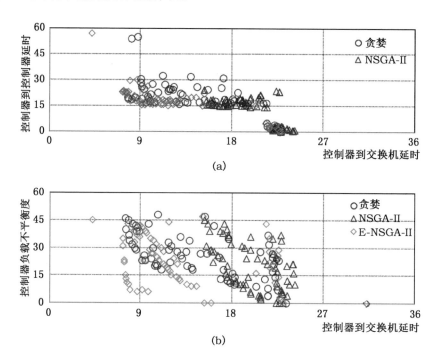

(a)

(b)

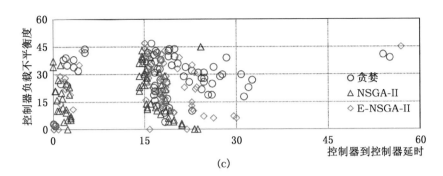

图 4.8　场景 2 下 3 种算法得到的近似帕累托前沿

我们将参考点设为(100,100,100),保持 E-NSGA-II 和 NSGA-II 的迭代次数为 200(与场景 1 相同),但将种群大小增加到 800,以便增加可搜索的最大解数,提高算法的准确性。我们还将全局最佳位置集中的 3 个成员注入种群,并将 10 次运行的前沿聚合,生成新的近似帕累托前沿。图 4.9 显示了该前沿的超体积,前沿的超体积越大,对应算法的精度越高。

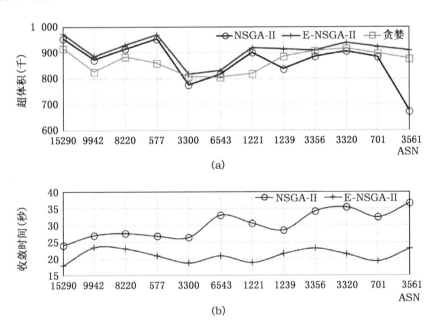

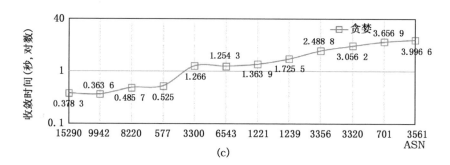

图 4.9　不同 WA-SDN 网络的近似帕累托前沿的超体积和收敛时间

结果表明,节点数小于 40 的网络(如 ASN＝15290、9942、8220 和 577),NSGA-II 算法的精确度高于贪婪算法。对于节点数更多的网络,如 ASN＝1239、3356、3320、701 和 3561 的网络,随着网络规模的扩大,贪婪算法的准确率要高于 NSGA-II,因为 E-NSGA-II 和 NSGA-II 只能探索解空间的有限部分,而这部分空间的大小并不取决于网络规模,而是取决于种群大小和迭代次数的乘积。由于贪婪算法会搜索所有 n^4(n 为交换机数,4 为控制器数)台控制器位置,其复杂性随着网络规模的增大而显著增加。虽然 NSGA-II 可以使用交叉和变异来有效探索较小网络的解空间,但贪婪算法可以探索的解空间更大,所以能找到比 NSGA-II 更高质量的近似帕累托前沿,而 E-NSGA-II 使用基于 PSO 的变异算子,可以在所有选定网络中比 NSGA-II 和贪婪算法更准确地收敛到前沿。

4.5.1.3　讨论

(1)全局最佳位置引导的变异。在 E-NSGA-II 中,全局最佳位置集由前文中讨论的三个成员组成:位置 1＋分配 1、位置 2＋分配 1,以及位置 1＋分配 2,每个成员都在目标空间的一个目标上引导粒子。由于 E-NSGA-II 中的每个粒子都会选择具有最大匹配度的全局最佳位置成员来引导变异,因此产生的前沿往往在目标空间的每个维度上都具有更大的宽度,增大了前沿的超体积,提高了 E-NSGA-II 的精度。

(2)提高准确度的方法。除了使用基于 PSO 的变异外,本章还采用以下方法来提高 E-NSGA-II 和 NSGA-II 的精度:①增加种群规模;②向种群集注入精英解;③合并多次运行得到的近似帕累托前沿。

增加种群规模不能保证 E-NSGA-II 和 NSGA-II 准确度的提高,因为 E-NSGA-II 和 NSGA-II 都有随机初始化的种群集和基于随机的交叉算子,增加种群规模可以增加最大搜索次数,但不能保证每次搜索都能找到不同的解。在实验中,我们发现将 E-NSGA-II 和 NSGA-II 的种群规模从 200 增加到 800,对所有选定 WA-SDN 系统的准确率都有所提高,但将种群规模进一步扩大到 1 600 时,准确率并没有继续提高。相反,随着种群规模从 200 增加到 800 和 1 600,收敛时间分别从 3～7 秒增加到 15～35 秒和 65～300 秒。因此,我们需要在实践中合理选择种群规模,以平衡近似帕累托前沿的质量和所需的收敛时间。

对于 E-NSGA-II 和 NSGA-II,向种群注入精英解也可以有效提高它们求解 GCPP 的精度。E-NSGA-II 的初始种群注入了全局最佳位置集的 3 个成员,每个成员代表一个目标维度上的精英解,因此将它们纳入种群会使近似帕累托前沿具有更大的超体积,从而提高前沿的质量。

这两种 NSGA-II 算法使用随机初始化的群体集,在多次运行算法时会产生不同的近似帕累托前沿。从所有产生的前沿中选择非支配解,可以生成一个新的近似帕累托前沿。我们的实验显示该前沿的质量最好,将这个新前沿与贪婪算法生成的前沿进一步结合,可得到一个质量更高的新前沿。

有了参考点,我们就可以通过评估不同近似算法得到的前沿的超体积来比较算法的准确性。但是,在没有相同参考点的情况下比较前沿的超体积是没有意义的,除非给出真正的前沿超体积,否则无法判断近似前沿与真正前沿的接近程度。

4.5.2 联合优化控制器的组织和放置

本小节使用 E-NSGA-II 来求解 ASN 为 3561 的网络的 GCPP,该网络是 Rocketfuel 数据集中最大的网络。我们考虑以下三种分布式控制平面结构:孤立分布式控制平面、平面分布式控制平面和层次分布式控制平面。我们改变控制平面中控制器的数量,以研究目标间的权衡,并为 WA-SDN 系统找到最佳的控制器组织方式和放置位置。

4.5.2.1 孤立分布式控制平面

首先,我们假设 $b_{ik}=0$ 来研究孤立分布式控制平面。因为该类控制平面的

GCPP 只有两个相互冲突的优化目标,即最小化控制器到交换机的延时和控制器的负载差,所以我们选择全局最佳放置集由两个成员组成:放置 1+分配 1 和放置 1+分配 2。我们将这两个成员注入 E-NSGA-II 的种群,群体规模和迭代次数分别设置为 800 和 200,使用 10 次运行的结果生成新的近似帕累托前沿。

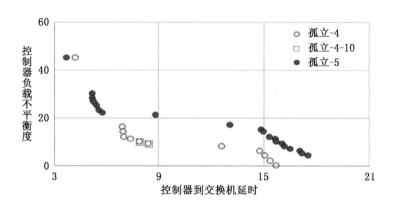

图 4.10   孤立分布式控制平面的 GPCC 的近似帕累托前沿

图 4.10 显示了得到的前沿,其中孤立−4 和孤立−5 分别代表有 4 台和 5 台控制器的控制平面的前沿,孤立−4−10 代表有 4 台控制器的控制平面的两个目标值均小于 10 的位置。显然,将控制器数量从 4 台增加到 5 台可以将控制器到交换机的延时从 4.25 秒减少到 3.75 秒,但控制器负载差并没有显著降低;使用 4 台控制器可以同时将两个相互冲突的目标平衡到小于 10,而使用 5 台则不行。所以,孤立分布式控制平面可以降低控制器到交换机的延时,但是会导致较高的负载不平衡。

4.5.2.2   平面分布式控制平面

我们将 E-NSGA-II 的种群规模和迭代次数分别保持在 800 和 200,并让全局最佳位置集由以下三个元素组成:位置 1+分配 1、位置 2+分配 1 和位置 1+分配 2,将所有这些元素注入 E-NSGA-II 的种群,并使用 E-NSGA-II 在 ASN 为 3561 的网络中对平面分布式控制平面进行 10 次运算,生成新的近似帕累托前沿。由于在目标空间中呈现包含 800 个非支配点组成的完整前沿难度很大,而我们关注的是那些在三个目标维度上都具有较小目标值的点,所以我们仅给出这些点组成的前沿的四个部分,如图 4.11 所示。其中,平面−4−16 和平面

－5－16 分别是对于有 4 台和 5 台控制器的控制平面,且在每个目标维度上的目标值小于 16 的非支配解;平面－4－10/20/30 和平面－5－10/20/30 分别是对于有 4 台和 5 台控制器的控制平面,且在控制器到交换机延时这个目标维度的目标值小于 10、在控制器到控制器延时维度的目标值小于 20 和在控制器负载差维度的目标值小于 30 的非支配解。尽管前沿中的其他解在目标维度上的值可能更小,但图中所呈现的解是 E-NSGA-II 能够找到的,平衡所有三个目标的最佳解。

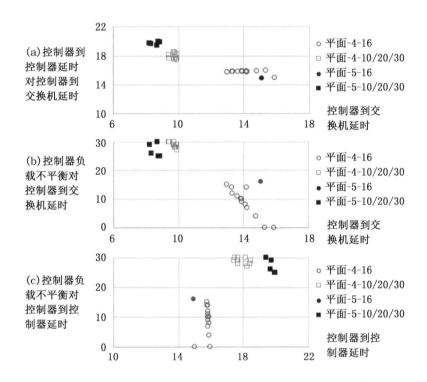

图 4.11　平面分布式控制平面的 GPCC 的部分近似帕累托前沿

　　显然,使用 4 台或 5 台控制器的平面分布式控制平面只能将三个目标值同时降至 16 以下。为了进一步将控制器到交换机的延时减少到 10 秒,带 4 台控制器的平面分布式控制平面必须将控制器到控制器的延时和控制器负载差分别增加到约 18 秒和 30。相比之下,5 台控制器的平面分布式控制平面可将控制器到交换机的延时减少到约 8 秒,代价是控制器到控制器的延时增加到 20 秒,且保持控制器负载差为 30 不变。

考虑在控制平面上运行 QoS 路由应用程序,在不考虑交换机和控制器的处理、传输和排队延时的情况下为全网的流量找到最佳路径,以便在相关交换机上安装流表项,需要从全局网络视图中检索信息,所以,交换机转发新流的延时取决于全局网络视图在控制平面中的位置。如果平面分布式控制平面的每个控制器都有一个全局网络视图副本[23][26],则这种延时是控制器到交换机延时的 2 倍,在考虑有 4 台或 5 台控制器的平面分布式控制平面中,这种延时分别为 20 秒或 16 秒。但是,由于平面分布式控制平面的控制器直接构建的本地视图必须发送给其他控制器,以组装全局视图副本,平面分布式控制平面更新视图副本的延时是控制器到交换机和控制器到控制器延时之和。这种情况下,即使将控制平面的控制器数量从 4 台增加到 5 台,全局网络视图更新延时仍保持为 28 秒。

但是,如果平面分布式控制平面中的每台控制器只维护全局网络视图的一部分[22][21][24],那么控制平面更新全局网络视图的延时只包含控制器到交换机的延时,但交换机转发新的本地流和新的全局流的延时不相同。本地流是指其入口交换机连接的控制器可以通过本地视图检索到需要的信息来设置流表项,而全局流则是指其入口交换机连接的控制器必须依赖位于远程控制器的视图来设置流表项。因此,交换机转发本地流的延时是控制器到交换机延时的 2 倍,在有 4 台和 5 台控制器的控制平面分别为 20 秒和 16 秒。交换机转发全局新流的延时是控制器到交换机延时和控制器到控制器延时之和的 2 倍,为 56 秒[在有 4 台和 5 台控制器的控制平面分别通过 $2 \times (10+18)$ 和 $2 \times (8+20)$ 得出]。增加控制平面中的控制器数量可减少交换机转发新本地流的延时,以及控制平面更新全局网络视图的延时,但不会减少交换机转发新的全局流的延时。由于需要 QoS 路由的流通常是需要访问全局网络视图的全网流,对于支持全网管理的大规模 WA-SDN 系统,即使增加控制器,平面分布式控制平面也可能无法提供高效的流管理和全局网络视图管理。

4.5.2.3 层次分布式控制平面

本小节中,E-NSGA-II 采用与 4.5.2.2 节相同的配置来求解 ASN 为 3561 且带有层次分布式控制平面网络的 GCPP。我们也选择前沿的四个部分,呈现 E-NSGA-II 能够找到的使层次分布式控制平面的三个目标同时最小化的所有位置。

如图 4.12 所示,层次-4-16 表示有 4 台本地控制器的层次分布式控制平面的目标维度值小于 16 的位置,层次－4－10/10/20 表示有 4 台本地控制器的层次分布式控制平面的控制器到交换机延时、控制器到控制器延时和控制器负载不平衡分别小于 16 秒、10 秒和 30 的位置。如图 4.12 中的层次－5－16/16/20 所示,在层次分布式控制平面中增加一个本地控制器可将两个延时减小到 16 秒以下,但控制器负载差会增加到 20。如图 4.12 中的层次－5－10/10/45 所示,如果将控制器负载不平衡进一步增加到 45,两个延时可缩短到 8 秒以内。

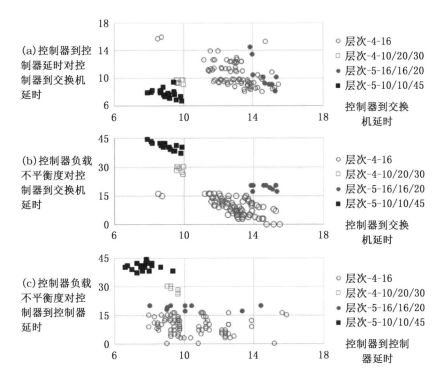

图 4.12 层次分布式控制平面的 GPCC 的部分近似帕累托前沿

在层次分布式控制平面运行 QoS 路由应用程序,不考虑交换机和控制器的处理、传输和排队延时的前提下为整个网络的流找到最佳路径,控制平面更新全局网络视图的延时等于控制器到交换机延时和控制器到控制器延时的总和,该延时在控制平面有 4 台和 5 台控制器时分别为 20 秒和 16 秒;交换机转发新的本地流的延时是控制器到交换机延时的 2 倍,该延时在有 4 台和 5 台控制器的控制平面分别为 20 秒和 16 秒;交换机转发新全局流的延时是控制器到交换机延时和控制器到控制器延时之和的 2 倍,因为根控制器会收集本地控制器构建的本地网络视图来构建全局网络视图,而该延时在有 4 台和 5 台控制器的控制平面分别为 40 秒和 32 秒。显然,增加层次分布式控制平面中控制器的数量可以减少交换机转发新的本地流和全局流的延时,以及更新全局网络视图的延时。

4.5.2.4 讨论

为了说明不同类型的分布式控制平面如何在 ASN 为 3561 的网络上放置控制器以优化目标函数,我们为每种控制平面结构选择了两种放置方式:一种同时兼顾三个目标,另一种则偏重两个延时。表 4.4 列出了所有交换机的位置及其编号。

表 4.4 　　　　　　ASN=3561 的网络的节点信息

编号	位置	编号	位置	编号	位置	编号	位置
1	Aachen,Germany	24	Nuremberg,Germany	47	Tokyo,Japan	70	Salt lake city,ut,USA
2	Koblenz,Germany	25	Regensburg,Germany	48	Sydney,Australia	71	San francisco,ca,USA
3	Saarbrucken,Germany	26	Kiel,Germany	49	Anaheim,ca,USA	72	Seattle,wa,USA
4	Frankfurt,Germany	27	Dublin,Ireland	50	Atlanta,ga,USA	73	Austell,ga,USA
5	Dresden,Germany	28	Geneva,Switzerland	51	Chicago,il,USA	74	Waltham,wa,USA
6	Wiesbaden,Germany	29	Zurich,Switzerland	52	Dallas,tx,USA	75	Elk grove,il,USA
7	Hanover,Germany	30	Vienna,Austria	53	New york,ny,USA	76	Kansas city,mo,USA
8	Osnabruck,Germany	31	Barcelona,Spain	54	San jose,ca,USA	77	Oak,brookil,USA
9	Leipzig,Germany	32	Madrid,Spain	55	Santa clara,ca,USA	78	Relay,md,USA
10	Brauschweig,Germany	33	Milan,Italy	56	Washington,dc,USA	79	Roachdale,in,USA
11	Bielefeld,Germany	34	Moscow,Russia	57	Boston,ma,USA	80	Austin,tx,USA
12	Bremen,Germany	35	Amsterdam,Netherlands	58	Cleveland,oh,USA	81	Fort worth,tx,USA
13	Dortmund,Germany	36	Rotterdam,Netherlands	59	Denver,co,USA	82	Hartford,ct,USA
14	Dusseldorf,Germany	37	Brussels,Belgium	60	El segundo,ca,USA	83	Herndon,va,USA
15	Essen,Germany	38	Copenhagen,Denmark	61	Houston,tx,USA	84	Stering,va,USA
16	Berlin,Germany	39	Oslo,Norway	62	Los angeles,ca,USA	85	Jersey city,nj,USA
17	Munich,Germany	40	Paris,France	63	Miami,fl,USA	86	Weehawken,nj,USA
18	Hamburg,German	41	London,UK	64	Minneapolis,mn,USA	87	Paloalto,ca,USA
19	Karlsruhe,Germany	42	Birmingham,UK	65	Nashville,tn,USA	88	Portland,or,USA
20	Mannheim,Germany	43	Manchester,UK	66	Philadelphia,pa,USA	89	Tukwila,wa,USA
21	Stuttgart,Germany	44	Swindon,UK	67	Phoenix,az,USA	90	Sunnyvale,ca,USA
22	Lubeck,Germany	45	Stockholm,Sweden	68	Raleigh,nc,USA	91	Toronto,Canada
23	Heidelberg,Germany	46	Osaka,Japan	69	Reston,va,USA	92	Budapest,Hungary

孤立分布式控制平面通过将位于德国法兰克福、澳大利亚悉尼、美国西部圣克拉拉和美国东部雷斯顿的 4 台控制器分布在 ASN 为 3561 的网络上,使控制器到交换机的延时最短。

平面分布式控制平面将其控制器紧密放置,不管是平衡三个目标,还是只偏重两个延时目标,控制平面的 4 台控制器中的 3 台放置在欧洲,第 4 台放置在美国东部。

使用层次分布式控制平面管理网络 ASN=3561 通常会将根控制器放在其中一台本地控制器上,但其本地控制器的分布比平面分布式控制平面的控制器分布范围更广。2 台本地控制器放置在欧洲大陆,另外 2 台放置到英国(伦敦)和美国中部(达拉斯),以平衡所有三个目标。如果只考虑尽可能降低控制器到交换机和控制器到控制器的延时,4 台控制器中的 3 台仍会放置在欧洲,但第 4 台控制器会从美国中部(达拉斯)移至东部(芝加哥),以减少控制器到控制器的延时。

因此,分布式控制平面通常以较长的控制器到控制器延时以及较高的控制器负载差来换取较短的控制器到交换机延时。如表 4.5 所示,在控制平面中增加控制器能有效减少孤立分布式控制平面的控制器到交换机延时,以及层次分布式控制平面的控制器到交换机和控制器到控制器延时。然而,这种增加在平面分布式控制平面中效果不明显,因为将平面分布式控制平面中的控制器数量从 4 台增加到 5 台,虽然可以将控制器到交换机的延时从 10 秒减少到 8 秒,但是控制器到控制器的延时会从 18 秒增加到 20 秒。

表 4.5　　　　　　　　　　不同结构控制平面的比较

控制平面	控制器台数	控制器到交换机延时(s)	控制器到控制器延时(s)	控制器负载不平衡	本地流转发延时(s)	全局流转发延时(s)	本地视图更新延时(s)	全局视图更新延时(s)
孤立	4	4.25	—	45	8.5	—	4.25	—
	5	3.75	—	45	7.5	—	3.75	—
平面(多副本)	4	10	18	30	20	20	10	28
	5	8	20	30	16	16	8	28
平面(单副本)	4	10	18	30	20	56	10	10
	5	8	20	30	16	56	8	8

续表

控制平面	控制器台数	控制器到交换机延时(s)	控制器到控制器延时(s)	控制器负载不平衡	本地流转发延时(s)	全局流转发延时(s)	本地视图更新延时(s)	全局视图更新延时(s)
层次	4	10	10	30	20	40	10	20
	5	8	8	45	16	32	8	16

如果需要保证非常短的控制器到交换机延时,应考虑采用孤立分布式控制平面,每个控制器都是网络的单点故障,且会牺牲全局网络视图和基于该视图的全局管理。通过实现任意 2 台控制器之间的合作,平面分布式控制平面在控制平面中不存在单点故障。支持全局管理,但牺牲了较短的控制器到交换机和控制器到控制器的延时,并不适合大规模 WA-SDN 系统进行高效的流量管理和全局网络视图管理。层次分布式控制平面通过增加一台根控制器,实现两个网络分区之间的协调,根控制器作为所有本地控制器的备份,实现了全局管理,缩短了控制器到交换机和控制器到控制器的延时。层次分布式控制平面在转发数据流和更新全局网络视图方面的延时较低,而且增加控制器的数量会进一步降低这些延时,所以层次分布式控制平面可用于管理大规模 WA-SDN 系统。虽然根控制器会成为网络的单点故障,但我们可以用平面控制器集群取代单台根控制器,以消除该单点故障,进一步增大网络可扩展性和可用性。

要确定 WA-SDN 系统控制平面需要多少台控制器,必须同时考虑控制器到交换机和控制器到控制器的最大延时、最大控制器负载差和总预算。由于交换机和控制器之间的相互关系以及 2 台控制器之间的相互关系已被模型化,因此 GCPP 通常用于共同优化网络拓扑和控制平面拓扑的控制器组织结构和放置位置。模型化后的 GCPP 可用于 SDN 控制器的增量部署,但需要更多的约束条件,以确保增加的控制器能适应现有控制器的组织和布局,不产生任何冲突。虽然带内控制平面可以降低为控制流量构建额外网络设施的成本,但使用相同的网络设施转发数据流和控制流会降低数据流的实际网络带宽。在维护全局网络视图以实现全网管理的前提下,我们可以使用功能分载[9][50]和统计信息聚合[62][63]等额外机制来减少控制平面和数据平面之间的交互,或者构建专用网络设施来互连控制器,以避免同步控制器之间的全局网络视图占用数据流的网络带宽。

4.6　结论

本章对 GCPP 进行模型化,以协同优化控制器的组织和布局,提升 WA-SDN 系统的性能和扩展性。本章提出了 E-NSGA-II 算法,为大规模 WA-SDN 系统的 GCPP 生成高质量的近似帕累托前沿。本章还进一步引入超体积指标来度量近似帕累托前沿的质量,并提出一种简化的 HSO 算法来快速计算超体积。评估表明,E-NSGA-II 比 NSGA-II 和贪婪算法具有更高的精度和更短的收敛时间。孤立分布式控制平面可获得最短的控制器到交换机延时,但不支持全网管理。平面分布式控制平面可支持全网管理,但通常需要将控制器放置得很近,以减少控制器到控制器的延时。平面分布式控制平面无法同时实现更短的控制器到交换机和控制器到控制器延时,即使允许更大的控制器负载差。本章证明,层次分布式控制平面(其中孤立的本地控制器通过根控制器进行合作)可以平衡控制器到交换机和控制器到控制器的延时,并为大规模 WA-SDN 系统提供高效的全网管理。

第 5 章

<hr>

低延时网络的准确、高效的
链路延时监测方法

托管在线游戏、在线搜索、在线银行等对延时敏感的应用的数据中心,需要准确监控网络的延时。这些应用通常包含多个分布式组件,通过网络进行交互,应对大量并发用户,并进行快速响应[141][142]。路径延时[路径表示流的入口交换机(源交换机)到目的交换机之间的网络通路,链路表示两个相邻交换机之间的通路]可用基于 Ping 的程序自动而准确地测量,但该测量方法通常依赖运行监控应用程序(即 Ping,也称为监控点)的专用服务器或主机来注入互联网控制信息协议 (Internet Control Message Protocol,ICMP)数据包。为了准确、持续地监控网络所有可能的路径,该类方法需要部署大量监控点,定期向网络注入大量 ICMP 数据包,可能会严重影响网络性能。因此,基于 Ping 的延时测量方法不适合高效、持续地监控网络所有路径的延时。当前文献提出了许多主动或被动监测网络延时的方法,尽管它们都具有减少资源消耗的机制,但这些机制并不能真正节约资源,因为主动延时测量方法必须建立专用的网络设施来处理探测数据包[74]-[76];被动延时测量方法则需要部署全局时钟来同步网络所有设备的时间[77][78]。基于 ITU-Y. 1731 协议[143]的延时监测方法可工作在主动或被动模式。虽然被动工作模式可能不需要全局时钟,但是两种工作模式都需要构建专用网络设施的管理端点(Management End Point,MEP)。

　　由于 SDN 系统具有解耦的控制平面和数据平面,且 SDN 控制平面具有向数据平面注入 OpenFlow 消息或数据包的基本功能,所以,SDN 控制平面可凭借该功能生成探测数据包,将其插入数据平面,并计算接收和发送探测数据包的时间差($t_{measured}$);控制平面再进一步生成 OpenFlow 报文,将其注入交换机,并计算接收和发送 OpenFlow 报文的时间差的一半,分别表示为 $t_{con\text{-}to\text{-}src}$ 和 $t_{dst\text{-}to\text{-}con}$,那么路径延时($t_{src\text{-}to\text{-}dst}$)可由公式(5.1)计算。

$$t_{src\text{-}to\text{-}dst} = t_{measured} - t_{con\text{-}to\text{-}src} - t_{dst\text{-}to\text{-}con} \tag{5.1}$$

　　如图 5.1(a)所示,公式(5.1)可在不使用专用网络设施的前提下主动测量链路延时。但是,在链路延时仅为 0.1ms 甚至更小[144],且运行大量延时敏感应用的低延时网络中,这种方法无法获得所需的精度,因为交换机处理数据包、探测包和 OpenFlow 报文的异步方式会导致测量公式(5.1)中的 $t_{measured}$、$t_{con\text{-}to\text{-}src}$ 和 $t_{dst\text{-}to\text{-}con}$ 的测量出现系统误差,而控制器的性能波动又会导致进一步的测量误差[79]-[81]。系统误差在这里指测量方法本身产生的误差,测量误差指其他问题造成的误差。虽然我们可将公式(5.1)修改为 $t_{src\text{-}to\text{-}dst} = t_{measured}/looptimeas$,并增大每个探测数据包在数据平面中循环的次数来增加 $t_{measured}$ 中真实路径延时的权重,从而在低延时网络中实现更高的测量精度,但是这种方法会给网络带来巨大的额外负载,并且有可能改变网络性能和可扩展性[82][83]。更重要的是,所有这些方法或缺乏为实际的数据包打上时间戳并将实际的数据包转化为探测包的机制,从而导致潜在延时测量故障;或缺乏机制以便最大限度地减少延时测量造成的负载,从而降低延时测量对网络性能可能产生的影响和对测量结果产生的偏差。所以,虽然这些方法无须构建专用测量网络,但并不适合连续监测 SDN 系统所有链路或路径的延时。

　　其他测量 SDN 系统延时的方法(如 GRAMI[145])沿用了许多主动测量传统 IP 网络延时所使用的典型策略[146],这些策略通常需要在网络上部署一个或多个专用服务器,重复发送探测包到合理挑选的目的主机。链路的往返时间(RTT)可通过探测包测量两个路径的 RTT,再做减法进行测量。如图 5.1(b)所示,链路交换机 2-交换机 3 的 RTT 是路径主机 1-主机 3 和路径主机 1-主机 2 的 RTT 差。通过合理选择探测包的目的地和注入探测包的服务器部署位置,可以在减少监测网络所有路径延时需要注入的探测包数量的同时,不造成任何潜在的测量故障。当前的研究提出了几种机制来确定服务器位置、生成探测包的方法和确定探测包的目的地,尽管这些机制可以对 SDN 系统的所有链路或路径的延时进行精确和连续测量,但注入探测包和收集测量结果所需的专用服务器会增加延时监测的部署和运营成本。另外,尽管 SDN 控制平面可以作为辅助工具来确定探测包的目的地,并为探测包安装流表项,但如何用控制平面替代专用服务器对 SDN 所有路径的延时进行高效、准确、持续监测,目前尚未得到充分研究和探索。

为了填补这一空白,本章针对低延时 SDN 系统提出一种新型延时监测方法 LLDP-looping。该方法无须部署专用服务器,直接利用控制平面反复向交换机注入 LLDP 探测包。由于 LLDP 用于拓扑发现,因此 LLDP-looping 可以将延时监控与拓扑发现相结合。LLDP-looping 使用两种类型的 LLDP 探测包:带有额外类型—长度—值(TLV)结构的 LLDP 探测包被用作延时探测包,注入选定交换机,用于延时监测和拓扑发现;而不带有额外 TLV 的普通 LLDP 探测包注入其他交换机,仅用于拓扑发现。为确定控制平面应该向哪些交换机注入探测包,LLDP-looping 将网络视为一个无向图,并提出顶点覆盖问题(VCP)[149],寻找该图的最小顶点覆盖。该覆盖包括的节点就是需要接收从控制平面注入延时探测包的交换机。如图 5.1(c)所示,LLDP-looping 首先向这些交换机注入探测包,然后强制每个数据包在链路上循环 3 次,再计算交换机上所有链路的 RTT,最后将其发送到控制器进行延时监控和拓扑发现。LLDP-looping 假定交换机有能力获取时间并为探测包打上时间戳。

为 LLDP 包打上时间戳,使其成为探测包,再通过控制平面反复将探测包注入 SDN,可以连续跟踪网络所有链路的 RTT,无须部署专用服务器,也无须在终端主机进行计量,或在交换机中安装专用流表项即可实现延时监测。LLDP-looping 完全避免了当前使用带时间戳的数据包作为探测包这类方法中可能出现的测量失败,通过在交换机上确定链路的 RTT,大大提高了延时监测的精度,避免了现有 SDN 系统延时监测方法中影响测量精度的主要因素。模型化的 VCP 可最大限度地减少 LLDP-looping 在控制平面和数据平面的开销,所提出的贪婪算法通过选择靠近网络边缘的交换机,可为树型网络拓扑快速找到VCP 的最优解。通过为现有的、用于拓扑发现的 LLDP 探测包扩展延时测量

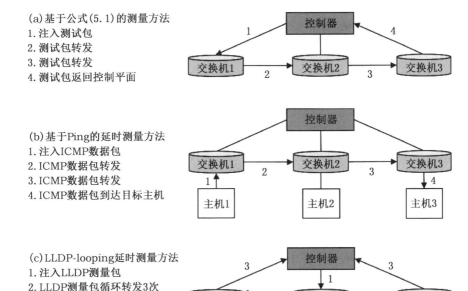

(a)基于公式(5.1)的测量方法
1.注入测试包
2.测试包转发
3.测试包转发
4.测试包返回控制平面

(b)基于Ping的延时测量方法
1.注入ICMP数据包
2.ICMP数据包转发
3.ICMP数据包转发
4.ICMP数据包到达目标主机

(c)LLDP-looping延时测量方法
1.注入LLDP测量包
2.LLDP测量包循环转发3次
3.LLDP测量包转发到控制器

图 5.1　SDN 系统的延时监测方法

功能,LLDP-looping 不仅降低了网络的额外负载,还能保持拓扑发现模块的现有逻辑不变,同时最大限度地减少对控制器和交换机软件的修改,降低了 LLDP-looping 的部署难度。

　　LLDP-looping 已在 NOX 控制器[12]和 Openvswitch 交换机[35]上进行原型实现和验证,结果表明,在链路延时低到 0.05ms 的大规模网络中,LLDP-looping 的网络延时测量准确率超过 90%(以使用 Ping 测量的延时为基准)。与穷举法相比,我们提出的贪婪算法可以为树型网络拓扑最大限度地降低 LLDP-looping 在控制平面和数据平面的开销[149]。我们的研究表明,LLDP-looping 是当前唯一一种资源占用率极低、精确度极高的延时测量方法,可以在不部署专用网络设施的前提下,持续监测 SDN 所有链路的延时,包括链路延时极低的网络。

　　本章的主要贡献包含以下三个方面:①为低延时 SDN 系统提出一种高精度延时监测方法,该方法不需要部署专用网络设施或安装专门用于延时监测的流表项;②提出一种 VCP,最大限度地减少延时监测产生的开销;③提出一种贪婪算法,快速求解树型网络拓扑的 VCP 最优解。

5.1 相关工作和主要问题

5.1.1 IP 网络的延时监测方法

Eylen[74]、Fabini[75] 和 Lee[76] 介绍了在传统 IP 网络上进行主动延时测量的方法。文献[74]提出的方法依赖于地理分布的信标来同步网络设备的时钟,以测量网络的单向延时;文献[75]和[76]使用不同方式确定网络注入探测数据包的时间,以提高延时测量的准确性,所有这些方法都需要专门的网络设施来处理探测数据包。我们提出的 LLDP-looping 方法工作在 SDN 系统上,将 SDN 控制平面作为处理探测数据包的基础设施。IPMON[77] 和 COLATE[78] 是对传统 IP 网络进行被动延时测量的方法,不仅需要全局时钟来同步不同网络设备,还需要在每个网络设备上安装延时监测单元,以捕获样本数据包或对捕获的数据包标记时间。基于 ITU-Y.1731 协议的方法可以工作在主动或被动模式,无须全局时钟,但需要建设由 MEP 组成的专用网络设备。TIMELY[151] 利用网卡测量路径的 RTT,但尚未提出有效、持续监测整个网络所有链路延时的机制。文献[147]和[148]提出使用单个监测点注入探测数据包,进而监测整个网络链路延时的方法。该类方法通过两条路径的延时差来计算一条链路的延时,降低了延时监测的额外开销,但该类方法应用到数据中心网络的有效性尚未得到验证。我们提出的 LLDP-looping 方法可以直接将 SDN 系统的控制器转化为监控点,通过合理选择需要注入探测数据包的交换机来最大限度地减少额外开销,该方法在数据中心网络的有效性已在本研究中得到验证。

5.1.2 SDN 系统的延时监测方法

Yassine[152] 综述了 SDN 系统的延时测量方法,Phemius[80] 和 Adrichem[79] 提出的方法直接实现了基于公式(5.1)的主动延时监测,文献[80]中的方法通过寻找校准参数在链路延时大于 1ms 的 SDN 系统中获得了较高的测量精度,但该参数仅适用于工作负荷较轻、仅包含 2 台交换机的静态网络。我们在前期的工作中提出一种基于公式(5.1)的测量方法,该方法借助线性校准函数,可以在静态低延时 SDN 系统中实现高于 80％的延时测量精度[81]。TTL-looping[82]通过对探测数据包的存活时间(TTL)进行编程,在低延时网络中实现高测量精度,但这种方法不基于公式(5.1)。与上述依赖控制器反复注入探测数据包的方法不同,SLAM[150]基于公式(5.1),但依赖 OpenFlow 报文而非探测数据包来测量路径的延时;GRAMI[145]则使用分布在网络上的专用服务器注入 ICMP 数据包作为延时探测数据包。

对于连续监测 SDN 所有路径的延时,上述方法还存在许多潜在问题。文献[79]和[80]提出的测量方法将带时间戳的数据包作为探测数据包,由于当前的 OpenFlow 协议缺乏区分带时间戳数据包和无时间戳数据包的机制,将无时间戳数据包(网络实际数据包)转发到预定目的主机的流表项时会将有时间戳的数据包(延时探测包)路由到同一目的主机,从而导致测量失败;而在每台目的交换机上强制将探测包返回控制器,则会将所有无时间戳的数据包也发送到控制器,从而导致路由失败。虽然可以使用 ICMP 数据包作为探测数据包来避免这些潜在的测量故障,但基于 ICMP 的方法(如 GRAMI 或 Ping)依赖于专用服务器或用户主机,会增加额外的网络部署和运营成本。此外,基于 ICMP 的方法需要在交换机中安装专门用于延时监测的流表项,消耗宝贵的交换机流表空间。为了解决这些问题,我们建议将 LLDP 数据包作为探测数据包标记时间[81]。由于 LLDP 是交换机之间的开放链路层协议,网络设备使用它来广播自己的身份和能力,因此当前主流 SDN 控制器都实现了拓扑发现功能,通过定期向其监控的交换机注入 LLDP 数据包,并从其监控的交换机接收 LLDP 数据包,实现网络拓扑发现[12][21]。由于这一过程不涉及主机上运行的任何应用程序,不需要主机向网络中的其他主机发送 LLDP 数据包,因此无须在交换机中为 LLDP 数据包设置流表项,LLDP 数据包会被确保发送回控制器。通过使用带有时间戳的 LLDP 数据包作为探测包[81],完全避免了利用用户主机、部署专用服务器或在交换机中安装专用流表项来监测延时,进而消除了导致上述潜在测量失败的根源。因此,本章提出的 LLDP-looping 方法沿用了该策略。

上述方法的另一个问题是无法实现高精度的延时监控。在低延时的 SDN

系统中,基于公式(5.1)的方法会产生较大的系统误差和测量误差,因为这些方法迫使控制器通过控制通道注入探测包测量通过数据通道的数据包延时,交换机采用不同通道转发探测包和数据包造成了系统误差。如前文所述,Open-Flow 交换机有一个控制通道和一个数据通道,数据通道可以在 OpenFlow 模式或普通模式下工作,控制通道用于转发控制器注入的数据流,以及其他交换机或主机发送的数据流(如果该数据流的流表项尚未被安装到流表)。数据通道的 OpenFlow 模式用于转发其他交换机或主机发送的流量,此时流量的流表项已安装到流表,但未缓存在 ASIC 中;正常模式用于转发其他交换机或主机发送的流量,此时流量的流表项已缓存在 ASIC 中。由于探测包由控制器注入,而数据包则由另一台交换机或主机发送,因此探测包总是通过交换机的控制通道转发,而数据包在大多数情况下由交换机在安装流表项后使用正常模式转发。通过比较 Ping 不同 ICMP 数据包的 RTT,这种差异在我们的测试平台(由 1Gbit/s 以太网交换机连接)上造成了 1 400% 的系统误差,其中第一个 ICMP 数据包由于交换机结构中没有匹配的流表项而使用 OpenFlow 模式转发,随后的 ICMP 数据包由于第一个 ICMP 数据包已将流表项加载到交换机结构中而由交换机使用正常模式转发。在我们的测试平台上,第一个 ICMP 数据包的 RTT 约为 0.6ms,后续 ICMP 数据包的 RTT 约为 0.04ms。这种巨大的系统误差使得基于公式(5.1)的方法很难在无校准的情况下,在低延时链路 SDN 上获得较高的测量精度。

上述基于公式(5.1)方法的测量误差主要由控制器 CPU 时钟频率的波动造成。我们在实验中发现使用公式(5.1)测量 $t_{src\text{-}to\text{-}dst}$ 时,这种波动可能会导致数百毫秒的抖动,而 Ping 在轻负载的测试平台上测得的实际 $t_{src\text{-}to\text{-}dst}$ 为 0.02 毫秒,抖动为 10 毫秒,抖动远大于实际链路延时,表明波动造成的测量误差远大于实际链路延时。由于这种波动与控制器 CPU 高度相关,而且是随机的,因此低延时 SDN 系统很难通过校准来降低测量误差,所以文献[80]中开发的校准方法并不能普遍应用到其他 SDN 系统。此外,SDN 系统规模的扩大也会增加测量误差,因为 SDN 交换机数量的增加会增加控制器的开销,导致控制器处理探测数据包或 OpenFlow 消息的延时增大[81]。该延时的增加会使基于公式(5.1)方法所测量的 $t_{measured}$、$t_{con\text{-}to\text{-}src}$、$t_{dst\text{-}to\text{-}con}$ 和 $t_{src\text{-}to\text{-}dst}$ 增大,而 Ping 测量的实

际 $t_{src\text{-}to\text{-}dst}$ 因为交换机状态不变而几乎保持不变。无论参考文献[81]中提出的基于平均 $t_{measured}$ 的线性校准函数是否适应网络规模的变化,平均 $t_{measured}$ 都会掩盖 SDN 系统的实际性能变化,从而使对动态 SDN 系统测量的校准无效。

基于公式(5.1)的方法在低延时 SDN 系统的系统误差和测量误差很难解决,这些误差的根源在于使用控制器确定 SDN 系统的延时,本章提出的 LLDP-looping 方法使用数据平面而不是控制平面来确定延时,可以提高低延时 SDN 系统的测量精度。虽然 GRAMI 也是通过数据平面确定网络延时,但它对低延时 SDN 系统的测量精度没有 LLDP-looping 高。

5.1.3　降低延时监测负载的方法

要想在不影响测量指标和降低测量结果偏差的情况下持续监测网络所有链路或路径的延时,最大限度降低延时测量的开销对主动延时监测方法至关重要。当前文献所提出的许多 SDN 系统延时测量方法没有提供任何机制来减少这种开销[79]-[82]。给定一个有 n 条链路或路径的网络,使用这些方法监测该网络的链路或路径延时,需要控制平面在每个测量周期注入 n 个探测数据包,因为每个链路或路径的延时必须通过一个探测数据包来测量,增加了控制平面的开销,消耗了控制平面控制通道的带宽。

由于胖树拓扑网络的延时较短,且被当前的数据中心广泛使用[116],我们计算了这些方法在胖树拓扑上消耗的控制通道带宽。图 5.2 显示了三种典型的胖树拓扑结构,表 5.1 给出了它们的基本信息[116]。我们将带时间戳的以太网帧(24 字节)作为探测数据包,通过控制平面每秒为每条链路注入一个探测包,控制通道的全带宽为 1Gbps。如表 5.2 所示,当边缘交换机数量从 288 台增加到 2 592 台和 4 068 台时,控制通道的带宽使用率分别从 0.13% 增加到 3.58% 和 8.49%。由 288 台、2 592 台和 4 608 台边缘交换机组成的胖树网络可将 3 456 台、93 312 台和 221 184 台主机连接到网络,分别代表中型、大型和大规模数据中心网络[117],因此在大规模 SDN 系统中增加交换机数量会显著增加这些方法在监测整个网络延时所消耗的控制通道带宽。当拓扑发现等其他一些消耗带宽的控制平面应用必须与动态网络的延时监控同时运行时,带宽消耗会非常大。

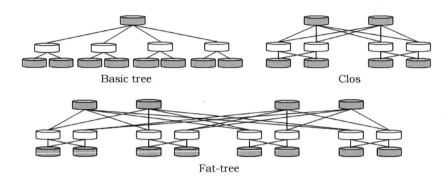

注:Basic tree:标准树,Fat-tree:胖树。

图 5.2　三种树型网络拓扑

表 5.1　　　　　　　　　　　　　　三种树型网络拓扑

网络拓扑	核心交换机数(台)	聚合交换机数(台)	边缘交换机数(台)	链路数(条)
标准树	1	m	$m(m-1)$	m^2
胖树	$m^2/4$	$m^2/2$	$m^2/2$	$m^3/2$
Clos	$m/2$	m	m	m^2

注:m 是所使用的交换机的端口数。

表 5.2　　　　　　　　　　　　　当前测量方法的负载比较

端口数/交换机	边缘交换机数(台)	网络规模	注入/回收探测包数(个)	带宽消耗(%)
24	288	中	6 912	0.13
48	1 152	大	55 296	1.06
72	2 592	大	186 624	3.58
96	4 608	超大	442 368	8.49

　　许多传统 IP 网络延时监测方法提供了可以有效降低延时监测开销的机制,但这些机制通常基于这样一种想法,即通过两个 RTT 的差来估计链路

RTT,用较少的探测数据包监测更多路径的延时,这些机制必须解决如何控制探测数据包的转发路径的问题。Breitbart[146]和 Aubry[148]在传统 IP 网络上通过源路由来解决这一问题。GRAMI[145]的解决办法是在交换机上沿 SDN 系统探测数据包的路径安装流表项,LLDP-looping 则通过对交换机处理接收到的 LLDP 数据包进行硬编码来解决这一问题。

使用两个 RTT 的差可以减少用于监测延时的探测包数量,但也产生了一个优化问题,即如何优化注入探测包的服务器放置位置,使得用于监控网络所有链路或路径延时的探测包数量最小。这个问题可以模型化为文献[145]和[146]中提出的大家熟知的设施位置问题(FLP),通过启发式算法快速求解。由于 LLDP-looping 会向一组交换机注入 LLDP 数据包,并让每个 LLDP 数据包洪泛一个交换机的所有端口,因此开销最小化问题被模型化为 VCP 而不是FLP,以最小化用于延时监测的 LLDP 数据包数量。

5.2　LLDP-looping

本节介绍了 LLDP-looping 这种高效、准确的延时监测方法,该方法可持续监测低延时 SDN 系统中所有链路的延时,再通过将一条路径上的所有链路延时相加,得到任意交换机之间的路径延时。LLDP-looping 将延时监测与拓扑发现相结合,将 LLDP 数据包作为延时探测包进行时间标记。LLDP-looping 使用两种类型的 LLDP 数据包:包含额外 TLV 的数据包作为探测包用于延时监控和拓扑发现,而不包含额外 TLV 的数据包只用于拓扑发现。额外的 TLV 是组织专用的 TLV(10 字节),用于存储链路的时间戳,如图 5.3 所示,其中,组织唯一标识符(OUI)和组织定义子类型(ODS)需要仔细配置,以避免与现有组织专用的 TLV 冲突。LLDP-looping 允许控制平面向一组选定的交换机注入探测数据包,同时向其他交换机注入正常的 LLDP 数据包。如图 5.1(c)所示,每个探测包在链路上往返 3 次,并在交换机上计算 LLDP 数据包的 RTT。

用于拓扑发现的LLDP数据包

以太网头	LLDP头	Chassis ID TLV	Port ID TLV	TTL TLV	TLV尾

同时用于延时监测和拓扑发现的LLDP数据包

以太网头	LLDP头	Chassis ID TLV	Port ID TLV	TTL TLV	组织专用 TLV	TLV尾

组织专用TLV

类型	信息长	OUI	ODS	时间戳
7 bits	9 bits	24 bits	8 bits	32 bits

图 5.3　可同时用于拓扑发现和延时监测的 LLDP 数据包的结构

5.2.1　通过交换机确定延时

为方便讨论,我们把接收控制平面注入的 LLDP 数据包的交换机称为链路源交换机,把接收链路源交换机转发的 LLDP 数据包的交换机称为链路目的交换机。

LLDP-looping 的延时测量开始于控制器向链路源交换机注入 TTL＝4 的探测数据包,该数据包在交换机控制通道功能中被处理,洪泛到交换机的所有活动端口,最后转发到这些端口下游的所有链路目的交换机。考虑其中一台链路目的交换机,当注入的探测包首次到达该交换机时,交换机将探测数据包的 TTL 减 1,并将当前时间标记到额外的 TLV 上,然后将数据包原路送回发送探测数据包的链路源交换机。当探测数据包再次到达链路源交换机时,该交换机将接收到的探测包的 TTL 再减 1,并原路将其返回到转发探测包的链路目的交换机。当探测数据包第二次到达链路目的交换机时,交换机从探测包的额外 TLV 中读出时间戳,计算链路的 RTT,再将 RTT 写回额外 TLV 中,并通过控制通道将探测数据包发送到控制器。

每台交换机在处理不同的探测包时,是充当链路源交换机,还是充当链路目的交换机,取决于它所使用探测包的 TTL。探测数据包 TTL＝4 表示当前的交换机是链路源交换机,该数据包由控制平面注入;TTL＝3 表示当前的交换机是链路目的交换机,应将探测数据包送回链路源交换机;TTL＝2 表示本交换机是链路源交换机,之前已接收过此数据包,应将数据包送回链路目的交换机；TTL＝1 表示本交换机是第二次接收该数据包的链路目的交换机，应计算 RTT 并将其写入 TLV，然后将探测包返回控制器。通过检查探测包的 TTL，LLDP-looping 可以动态确定交换机相对接收到的探测包该承担的角色，对每台交换机处理探测数据包的行为进行普遍化，最大限度地减少为监测延时而对交换机软件进行的修改。

虽然探测数据包的 RTT 可以在链路源交换机或目的交换机上确定，但 LLDP-looping 选择使用链路目的交换机而不是链路源交换机来确定探测数据包的 RTT，原因在于：①保持交换机和控制器的正常拓扑发现过程不变，即有/无时间戳的 LLDP 数据包均由链路目的交换机转发到控制器；②将交换机软件的修改限制在数据通道功能上，使链路目的交换机的软件升级可以限制在数据通道这部分功能，而链路源交换机的软件升级必须同时更新其控制通道和数据通道的功能，以便处理每个接收到的探测数据包（因为链路目的交换机接收到的探测数据包总是由链路源交换机发送，而链路源交换机接收到的探测数据包可以由链路目的交换机或控制器发送）。

使用交换机确定链路延时可避免控制器 CPU 时钟波动和网络规模的变化对低延时 SDN 系统测量精度的影响，测量精度得到显著提高。LLDP-looping 还避免了当前 SDN 延时监测方法将数据包作为探测包标记时间的潜在测量故障，同时在不影响数据包转发的情况下实现了连续的延时监测，简化了控制器和交换机软件的修改，可以迅速部署到 SDN 系统中。

5.2.2　最小化延时监测的负载

LLDP-looping 通过控制平面向网络的每台交换机注入探测数据包来监测网络链路的延时，连续注入探测包会消耗控制器 CPU 的时间和控制通道带宽，增加控制平面的开销。由于向所有交换机（每台交换机既是某个链路的源，也是某个链路的目的）注入探测数据包会导致每个全双工链路的延时被测量两次，所以，LLDP-looping 可选择一组交换机，由控制平面向其注入探测数据包，在保证网络每条链路在任一方向至少有一个探测数据包通过的同时，最大限度地减少为监测延时而生成的数据包数量和用于注入探测数据包的交换机数量，降低控制平面的开销。

我们将网络视为一个无向图 $G=(V,E)$，其中 V 和 E 分别是网络的交换机集和(全双工)链路集，$S \subseteq V$ 是用于注入探测数据包的交换机子集。$v \in V$ 的度数是节点 v 的邻居节点数，可由 $d(v)$ 给出。每次测量中，由于控制平面会向该子集的每台交换机注入一个探测数据包，交换机再将接收到的数据包洪泛到其活动端口，所以控制平面注入的探测数据包数量等于子集包含的交换机数量，而被一个交换机洪泛的探测数据包数量等于该交换机的邻居节点数。所以，我们提出了一个优化问题，即在网络中找到一个交换机子集(S)，同时最大限度地减少该子集包含的交换机数量(OBJ2)和交换机的总度数(OBJ1)，保证每个网络链路上至少有一个探测数据包通过(CON1)，从而最大限度地减少 LLDP-looping 在控制平面和数据平面的开销。

我们可以将 OBJ2 省略，因为 LLDP-looping 将延时监测与拓扑发现相结合，这样网络中的每台交换机都会从控制平面接收 LLDP 数据包，与它是否被子集 S 选中用于接收延时监测探测包无关。如果交换机未被子集 S 选中，它将接收控制平面为拓扑发现注入的 LLDP 数据包；若它被选中，则会接收带有额外 TLV 的 LLDP 数据包，同时用于延时监测和拓扑发现。由于最小化子集 S 的大小并不能减少控制平面注入的 LLDP 数据包数量，所以可将所提出的问题简化为一个典型的 VCP，即找到一组交换机 $S \subseteq V$，最小化 S 中交换机的总度数，同时使每个链路 $\langle u,v \rangle \in E$，其源交换机 u 或目的交换机 v 要属于子集 S (CON1)。OBJ1 和 CON1 可模型化为公式(5.2)和(5.3)。

$$\textbf{OBJ1}: \textbf{Minimize}_S \left[\sum_{v \in S} d(v) \right] \tag{5.2}$$

$$\textbf{CON1}: \forall \langle u,v \rangle \in E : v \in S \vee u \in S \tag{5.3}$$

VCP 通常无法在短时间内求解。文献[149]中提出了一种穷举算法，用于寻找 VCP 最小覆盖的解，其计算复杂度为 $0(1.278\ 3^K + K|V|)$，其中 K 为最大的顶点覆盖集合的大小。贪婪技术通常能有效找到 VCP 近似最优解，但它并不能保证得到的是最小覆盖。如图 5.2 所示，数据中心的低延时网络通常采用树状拓扑结构，树状拓扑结构上的 VCP 能在短时间内求解。因为典型的贪婪算法总是选择网络中相邻数量最多的交换机，无法获得 VCP 的最小覆盖[153]，我们提出一种新颖的贪婪算法，以便在树状网络拓扑上快速找到 VCP 的最小覆盖。

算法 5.1   **我们提出的贪婪算法的伪代码**

1：输入：邻接矩阵 $A(n \times n)$

2：输出：集合 S

3：$S \leftarrow \{\}, A^k \leftarrow A$

4：while$A^k \neq 0$do

5：$a_{low} \leftarrow n, dif_{low} \leftarrow n$

/ * 从当前网络中找到节点度数最小的节点 v * /

6：   for$i=1; i++; i \leqslant n$do

7：   if$a_{low} > a_{ii}^k$ then

8： $a_{low} \leftarrow a_{ii}^k dif_{low} \leftarrow (a_{ii} - a_{ii}^k), v \leftarrow i$

9：   end if

10：   if$a_{low} == a_{ii}^k$ and $dif_{low} > a_{ii} - a_{ii}^k$ then

11： $dif_{low} \leftarrow (a_{ii} - a_{ii}^k), v \leftarrow i$

12： $end \ if$

13： $end \ for$

/ * 找到节点 v 的邻居节点 * /

14： $for i=1; i++; i \leqslant n do$

15： $if \ a_{iv}^k == 1 \ and \ i \neq v \ then$

16： $S \bigcup \{i\}$

17： $end \ if$

18： $end \ for$

/ * 从网络中删除节点 v 的边、邻居节点,以及邻居节点相关的边 * /

19： $for \ vertex \ v \ and \ each \ element \ in \ S \ do$

20： $u \leftarrow element, a_{uu}^k \leftarrow 0$

21： $for i=1; i++; i \leqslant n do$

22： $if \ i \neq v \ and \ i \notin S \ and \ a_{iu}^k == 1 \ then$

23： $a_{iu}^k \leftarrow 0, a_{ui}^k \leftarrow 0, a_{ii}^k \leftarrow (a_{ii}^k - 1)$

24： $end \ if$

25： $end \ for$

26： $end \ for$

27：$end \ while$

该贪婪算法用邻接矩阵 $A(n \times n)$ 描述一个有 n 个节点(交换机)的网络,设 a_{ii} 为 A 中第 i 行第 i 列的元素,其值代表节点 i 的度,$a_{ij}(i \neq j)$ 为 A 中第 i 行第 j 列的元素,其值可为 1 或 0,代表节点 i 和 j 间是否存在边。与一般贪婪算法总是从图中选取一个度数最大的节点[153]不同,我们的算法首先选取一个度数最小的节点 v,然后找到 v 的所有邻居节点,并将邻居节点添加到集合 S 中。相对于 A,A^k 的每个元素都保持不变,除了以下几种:①将 A^k 中 v 及其邻居的度数设为 0,表示从图中删除了 v 及其邻居;②将 A^k 中代表 v 的邻居的邻居度数的元素减少 1;③将 A^k 中代表与 v 或其任何邻居有一个共同顶点的边的元素设为 0,表示从图中删除了与 v 或其任何邻居相关的边。最后,算法会评估 A^k。如果 A^k 的每个元素都为 0,算法输出最小节点覆盖集合 S;否则,算法会从剩余图中挑选另一个度数最低的节点,找到该节点的邻居节点并将它们添加到 S 中,然后更新 A^k,直到 A^k 的每个元素都为 0。如果剩余图中有一个以上的节点具有相同的最低度,我们的算法会使用 A 中节点的度减去 A^k 中节点的度来计算每个节点的度差(dif_{low}),并挑选出具有较小 dif_{low} 的节点,以确保被选中的交换机位于接入层,而其邻居节点位于聚合层,从而最大限度地减少因洪泛邻居节点而产生的重复边的数量,以及所有邻居节点产生的探测数据包的数量。贪婪算法的细节如算法 5.1 所示。

在 K(即可选择的最大交换机数量)不变的情况下,我们提出的算法的计算复杂度为 $O(K|V|)$,低于文献[149]所提出的最快穷举法的计算复杂度 $O(1.273\,8^K + K|V|)$。虽然我们提出的算法不能保证为任意网络拓扑找到最小顶点覆盖,但它总能选取图 5.2 中白色所示的基于标准树的网络拓扑聚合交换机。由于树型网络拓扑结构被当前数据中心广泛使用,该算法最大限度地减少了 LLDP-looping 用于监测低延时网络所有链路延时的探测包数量。动态变化的网络环境需要不断发现网络拓扑以适应网络节点和链路状态的可能变化,而我们提出的贪婪算法允许在拓扑变化时自动选择用于注入探测包的交换机集,传统的贪婪算法虽然也能针对给定的网络拓扑离线选择最优的交换机集,并对网络进行手动配置,但难以适应动态变化的网络场景。

5.3　原型实现

LLDP-looping 目前在 NOX 控制器和 Openvswitch 交换机上完成了原型实现。该实现仅在 Openvswitch 的 vport. c 文件的 ovs-vport-receive 函数中增加了 36 行代码。对于每个接收到的数据包,如图 5.4 所示,首先检查数据包的类型并将 LLDP 数据包的 TTL 值减 1,然后检查 TTL 的值。如果 TTL＝3 表示交换机是首次收到 LLDP 数据包的链路目的交换机,交换机在 LLDP 数据包上打上当前时间戳,并将输出端口号设置为数据包的输入端口号,再调用 ovs-vport-send 功能,将带有时间戳的 LLDP 数据包直接转发到链路源交换机,不对该数据包进行进一步处理(因为控制平面注入交换机的 LLDP 数据包不经过交换机的 ovs-vport-receive 功能,所以 TTL＝3 表示链路目的交换机,而不是链路源交换机)。如果 TTL＝2 表示交换机是链路源交换机,且当前 LLDP 数据包刚从链路目的交换机转发回来,交换机会将输出端口号设置为接收到的数据包输入端口号,并调用 ovs-vport-send 函数直接将 LLDP 数据包转发到链路目的交换机,而不再进一步处理该数据包。如果 TTL＝1,表明交换机是第二次接收循环 LLDP 数据包的链路目的交换机,交换机计算该 LLDP 数据包的 RTT,将 RTT 写入 LLDP 数据包的相应 TLV 字段,并使用 ovs-vport-receive 函数正常处理 LLDP 数据包。其他情况下,交换机将正常处理 LLDP 数据包。对于任何需要在交换机上正常处理的 LLDP 数据包,由于交换机上没有与之匹配的流表项,该 LLDP 数据包将被转发到控制平面。由于用于拓扑发现的 LLDP 数据包只将 TTL 初始化为 1,因此当 LLDP 数据包到达其链路目的交换机时,TTL 值将减为 0,交换机直接把数据包转发给控制器。这样,该原型实现只需稍微修改 vport. c 文件中的 ovs-vport-receive 函数,就能通过 SDN 同时实现延时监控和拓扑发现,不会影响 Openvswitch 的其他部分。

由于当前主流的控制器(如 NOX)通常包含一个拓扑发现组件,该组件会定时向交换机注入 LLDP 数据包以更新网络拓扑,所以我们对该模块稍作修改,以维护两种类型的 LLDP 数据包(一种是具有组织特定 TLV 的数据包,另

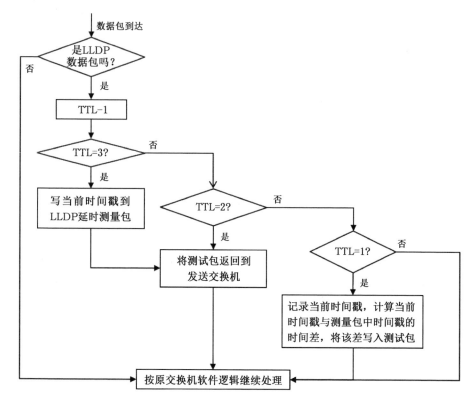

图 5.4　LLDP-looping 程序流程图

一种是不具有组织特定 TLV 的数据包）。我们将带有组织特定 TLV 的 LL-DP 数据包的 TTL 设置为 4，这些数据包既能监测链路延时，又能发现网络拓扑，而将不带组织特定 TLV 的 LLDP 数据包的 TTL 设置为 1，仅用于拓扑发现。我们将贪婪算法实现为拓扑发现组件的一个函数，并创建一个新线程计算定时从控制平面接收探测数据包的交换机子集。在 LLDP-looping 的每次监测中，控制平面会向该算法得到的交换机集所包含的每台交换机注入带组织特定 TLV 的 LLDP 数据包，并向网络其他交换机注入不带组织特定 TLV 的 LLDP 数据包。测试过程确保所有 LLDP 数据包都能返回到控制平面并被正确解码。通过这种方式，该实现方法只需对控制器和交换机的软件进行少量修改即可实现 LLDP-looping 的基本思想，通用性强，可部署到 SDN 的其他控制器和交换机。

尽管目前 SDN 系统通常部署的是物理交换机,其软件或固件只能由制造商更新,但随着虚拟交换机和 NetFPGA 技术的成熟,学术界和工业界越来越多地使用可定制的软交换机来构建 SDN 系统,以满足对网络安全、QoS 和创新的特殊要求。一个拥有数千台以上网络设备的数据中心,考虑到网络性能和维护,可能会选择物理交换机进行部署。但是,数据中心的架构师或运营商可以为其网络设备的软件指定额外的功能,供应商则需要对这些功能进行定制,以满足重要客户的特殊要求。

5.4　评估

本节在 Mininet 模拟的 SDN 系统上运行了 LLDP-looping 原型,研究校准前后影响测量误差和测量精度的主要因素。通过估算 LLDP-looping 产生的负载,测量控制平面的流设置率,证明 LLDP-looping 不会影响控制平面的性能和扩展性。本节还将 LLDP-looping 与主流的 SDN 延时监测方法进行比较,探讨将 LLDP-looping 扩展到物理 SDN 系统的潜力。

5.4.1　影响测量误差的因素

由于 LLDP-looping 测量的是数据平面中 LLDP 数据包的 RTT,控制器 CPU 的时钟频率波动不会影响测量的延时。交换机 CPU 时钟频率的波动仍会导致测量延时的抖动,但这是数据包在实际网络的真实延时波动。测试结果表明,网络规模、LLDP 数据包注入频率和负载的变化不会影响 LLDP-looping 的测量误差。

图 5.5(a)和(b)比较了 LLDP-looping 和 Ping 在包含 5 台、10 台、15 台、20 台、30 台、40 台、50 台和 60 台交换机的线性网络上测量的 RTT,链路真实延时分别设置为 0.01ms、0.05ms、0.1ms、0.5ms、1ms、5ms 和 10ms。线性网络由 Mininet 模拟,每台交换机连接一台主机。由于网络拓扑结构不会影响 LLDP-looping 测量的准确性,所以我们选择模拟线性拓扑这种资源消耗较少的拓扑,可以让电脑仿真规模尽可能大的网络。由于改变网络中交换机的数量不会改变交换机的开销,

当模拟的 SDN 交换机数量变化时,LLDP-looping 和 Ping 测得的 RTT 几乎保持不变,表明网络规模的变化不会影响 LLDP-looping 和 Ping 的测量精度。

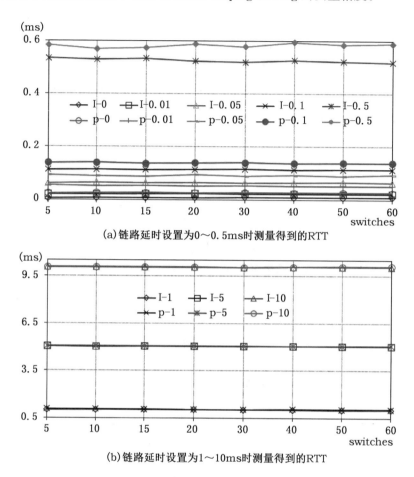

(a)链路延时设置为0~0.5ms时测量得到的RTT

(b)链路延时设置为1~10ms时测量得到的RTT

图 5.5　LLDP-looping(l-)和 Ping(p-)在不同规模网络测量得到的 RTT

图 5.6(a)显示了在模拟线性 SDN 上通过 LLDP-looping 和 Ping 测得的链路延时,模拟的线性 SDN 有 10 台交换机,每个真实链路延时设置为 0.1ms,数据包注入频率设置为每秒 1 个、2 个、5 个、10 个、20 个、50 个和 100 个。结果表明,LLDP-looping 测得的 RTT 不会随 LLDP 注入频率的变化而变化(交换机性能波动会导致大约 10us 的抖动),因为改变 LLDP 数据包注入频率不会改变交换机的开销。图 5.6(b)显示了在模拟的线性 SDN 上通过 LLDP-looping 和 Ping 测得的链路延时,模拟的线性 SDN 有 5 台交换机,链路带宽设置为

10Mbits/s,链路延时为 0.1ms。运行 IPERF[53],生成 0Mbits/s、4Mbits/s 和 8Mbits/s 的工作负载,持续 120s。结果显示,LLDP-looping 和 Ping 测得的 RTT 遵循相同的模式。此外,随着时间推移,测得的 RTT 先是增加,直到输出端口队列拥塞为止,然后以一定的波动下降,直到输出端口队列变空。这种模式代表了 IPERF 产生工作负载时网络状态的真实变化,表明 LLDP-looping 可以在轻工作负载下可靠地监测实时动态变化的网络链路延时。

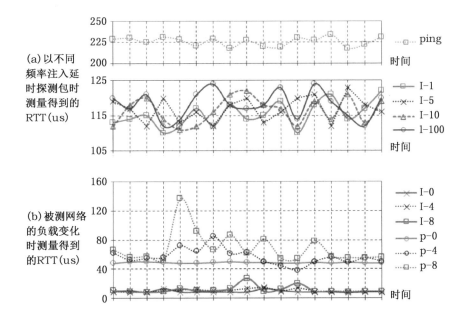

图 5.6　不同探测包注入率(a)和工作负载(b)下 LLDP-looping(I-)和 Ping(p-)测得的 RTT

5.4.2　测量准确度

由于 LLDP-looping 和 Ping 测得的 RTT 均大于配置的链路延时,LLDP-looping 测得的 RTT 又小于 Ping 测得的 RTT[因为 Ping 测得的 RTT 包含了主机与交换机之间的延时,如图 5.5(a)和图 5.5(b)所示],所以,当使用配置的链路延时作为基准时,LLDP-looping 的延时测量精度高于 Ping。由于 Ping 通常是网络管理员用来监测网络延时的传统方法,所以我们还是使用 Ping 测得的 RTT 作为基准来计算实验的测量误差[如图 5.5(a)和图 5.5(b)所示]。当链路延时设置为 0.01ms、0.05ms、0.1ms、0.5ms、1ms、5ms 和 10ms 时,测量误差分别为-58%、-30%、-18%、-8%、-3%、-0.4%和-0.1%,测量误差不会随着网络规模的扩大而增加,如图 5.7(a)所示。如果可接受的测量误差为 10%,在基准小于 1ms(即 Ping 在链路延时设置为小于 1ms 时测量的 RTT)的网络中,LLDP-looping 无法满足需要的测量精度。

主机和交换机之间的延时构成了测量误差的主要部分,我们用 Ping 测得的 RTT 与 LLDP-looping 测得的 RTT 的差($C_{cali}=RTT_{ping}-RTT_{LLDP\text{-}looping}$)来校准 LLDP-looping 测得的延时($RTT_{LLDP\text{-}looping\text{-}cali}=RTT_{LLDP\text{-}looping}+C_{cali}$)。当网络中每台交换机和主机的开销保持不变时,该延时理论上保持不变,所以在实验中,当链路延时配置一定时,Ping 测得的 RTT 与 LLDP-looping 测得的 RTT 的差几乎保持不变,如图 5.7(b)所示。然而,当配置的链路延时不同时,这种差异略有变化,这可能是 Mininet 中链路延时配置过程在链路延时设置为不同值时产生的开销不同而造成的,但这种情况在物理网络中是不可能发生的。基于这种考虑,我们将校准常数设为 29us,即当链路延时设置为 0.01ms 和 0.05ms 时,LLDP-looping 和 Ping 测得的 RTT 之差。校准后的测量误差如图 5.7(c)所示。

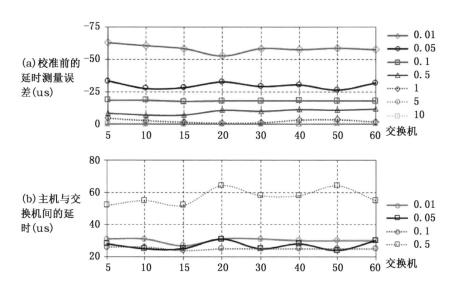

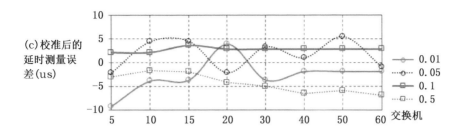

注:以 Ping 测量的 RTT 的一半为基准,不同的符号代表链路设置为不同延时的测量
结果。

图 5.7　链路测量误差

显然,当链路延时设置为不小于 0.01ms 时,校准后的测量误差可减小到基准值的 10% 以下。这意味着,当 Ping 测得的 RTT 不小于 0.05ms 时(0.05ms 是 Ping 在链路延时设置为 0.01ms 时测得的 RTT),而且可接受的测量误差上限为 10%,LLDP-looping 能够实现链路延时的精确监测。

我们还用 Ping 测量测试平台(通过 1Gbps 端口的以太网交换机连接 2 台服务器)的实际 RTT,结果发现,RTT 约为 0.2ms,大大超过实验测得的 0.05ms。这表明,我们的评估模拟了比低延时网络(如实验室中的局域网)链路延时更低的 SDN 系统,LLDP-looping 的测量精度可满足模拟的大部分低延时网络的需求。

5.4.3　贪婪算法的评估

如图 5.2 所示,考虑三种由 m 端口交换机构建的全树型拓扑,其中每个拓扑的汇聚交换机构成了 VCP 的最小节点覆盖。取 m 为 4、8、16、24 和 48,比较我们提出的贪婪算法(A1)、文献[149]提出的穷举法(A2)和文献[153]提出的贪婪算法(A3)计算出的节点总数(a)和这些节点的总度数(b),见表 5.3。结果表明,我们的贪婪算法和穷举算法总能找到每种拓扑的聚合交换机,而普通贪婪算法在胖树拓扑和闭合拓扑上找到的节点覆盖是最小节点覆盖的 1.5 倍,覆盖的总度数是最小节点覆盖总度数的 1.5 倍,不过普通贪婪算法在基于树拓扑上计算的节点覆盖与其他两种算法计算的最小节点覆盖非常接近。我们算法的计算复杂度是 $O(Km^2)$,使用前文中提供的 $O(K|V|)$,适用于所有三种基于

树的拓扑,而穷举算法的计算复杂度是 $O(1.273\,8^K + Km^2)$,使用文献[149]提供的 $O(1.273\,8^K + K|V|)$。

表 5.3 　　　　　　　　　　树型网络拓扑上不同算法的比较

拓扑	m	a(A1&A2)	a(A3)	b(A1&A2)	b(A3)
标准树	4	4	4—5	16	16—20
	8	8	8—9	64	64—72
	16	16	16—17	256	256—272
	24	24	24—25	576	576—600
	48	48	48—49	2 304	2 304—2 352
胖树	4	8	8—12	32	32—48
	8	32	32—48	256	256—384
	16	128	128—192	2 048	2 048—3 072
	24	288	288—432	6 912	6 912—10 368
	48	1 152	1 152—1 728	55 296	55 296—82 944
Clos	4	4	4—6	16	16—24
	8	8	8—12	64	64—96
	16	16	16—24	256	256—384
	24	24	24—36	576	576—864
	48	48	48—72	2 304	2 304—3 456

因此,交换机端口越多,全树型网络的汇聚交换机越多,K 的取值越大。此外,网络规模的扩大也会增加我们的贪婪算法和穷举法的计算复杂度,但穷举法的复杂度增加速度比我们的算法快得多。

5.4.4　控制平面的测量负载

LLDP-looping 将延时监测与拓扑发现相结合,拓扑发现是控制器的基本功能之一,所以 LLDP-looping 在控制平面上增加的额外开销有限。为了对其进行评估,我们让 LLDP-looping 每秒为每台交换机注入一个 LLDP 数据包,以普通拓扑发现模块使用的 LLDP 数据包的大小和数量为基准,计算使用 LLDP-looping 监测延时需要注入的额外 LLDP 数据包数量和字节数。不含延时监测专用额外 TLV 的 LLDP 数据包长度为 34 字节,用于时间戳 RTT 的额外 TLV 增加 10 字节。LLDP-looping 向树形拓扑的汇聚交换机注入带有额外 TLV 的 LLDP 数据包,用于延时监测和拓扑发现,并向其他交换机注入普通数据包,仅用于拓扑发现。如表 5.4 所示,LLDP-looping 不会向数据平面注入任何额外的 LLDP 数据包来进行延时监测。

表 5.4　　　　　　在树型网络拓扑上使用 LLDP-looping 产生的额外负载

拓扑	多注入的测试包	多注入的字节数	每条链路增加的数据包(个)	每条链路增加的字节数
标准树	0	$10m$	2	$10+2\times44$
胖树	0	$10m^2/2$	2	$10+2\times44$
Clos	0	$10m$	2	$10+2\times44$

　　但是,LLDP-looping 会消耗控制器控制通道带宽,因为注入目标选定交换机的每个探测数据包都有一个额外的 TLV,增加了 10 字节。假设控制平面每秒为 1Gbps 链路的 SDN 系统的每台交换机注入一个数据包,图 5.8(a)和图 5.8(b)分别显示在 4 端口、8 端口、16 端口、24 端口、48 端口、72 端口和 96 端口交换机的三种树状拓扑结构中,LLDP-looping 用于监测延时和发现拓扑所消耗的带宽。显然,交换机端口越多,网络中的汇聚层交换机就越多,控制平面需要注入的探测包也就越多。随着交换机端口数的增加,LLDP-looping 用于延时监测和拓扑发现所消耗的控制通道带宽也会增加。与控制通道的全带宽(1Gbps)相比,LLDP-looping 对采用高达 96 端口交换机构建的基本树和 Clos 网络的延时监测所占用的带宽可以忽略不计,而 LLDP-looping 监测胖树网络的链路带宽所消耗的控制通道带宽较大,但是,即使胖树网络由 72 端口交换机构建,LLDP-looping 的带宽使用量依然可以控制在控制通道带宽的 6.5% 以下,如图 5.8(a)所示。

　　值得注意的是,由 72 端口交换机构建的胖树网络最多可用 6 480 台交换机($\frac{5}{4}m^2$)连接 93 312 台主机($\frac{m^3}{4}$),代表一个超大规模数据中心网络。如果需要将更多主机连接到胖树网络,可能需要使用 96 端口交换机。在由 96 端口交换机构建的胖树网络上使用 LLDP-looping 进行拓扑发现,会消耗大约 28% 的控

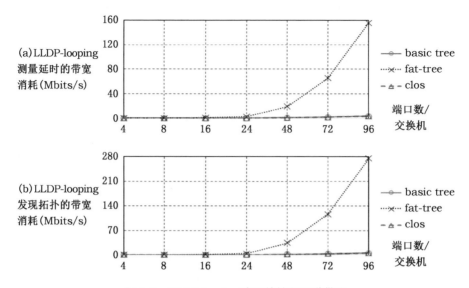

图 5.8　LLDP-looping 消耗的控制通道带宽

制通道带宽[如图 5.8(b)所示],其中只有约 15.5％的带宽同时用于延时监测和拓扑发现[如图 5.8(a)所示],约 3.5％的带宽专门用于延时监控(因为 LLDP-looping 结合了延时监测和拓扑发现,每注入 44 字节,只有 10 字节专门用于延时监测)。为了减少 LLDP-looping 的带宽占用,这种胖树网络可能需要升级到 10Gbps 链路,或使用由多个控制器组成的分布式控制平面,每个控制器运行一个 LLDP-looping 实例来监测网络分区内的链路延时。要监控两个网络分区之间的链路延时,需要对 LLDP-looping 进行进一步拓展。

　　为了进一步评估 LLDP-looping 在控制平面的开销,我们进行了一项实验,测量 NOX 控制器在正常拓扑发现过程和 LLDP 循环下的流设置率。控制器的流设置率是指控制器每秒可设置的流表项数量。它是度量 SDN 系统可扩展性的关键指标之一,控制平面开销的增加会降低流设置率。我们从前文介绍的测试平台中选择三台计算机。其中一台计算机使用 Mininet 模拟由 4 端口、6 端口、8 端口、16 端口和 24 端口交换机构建的基本树形拓扑,网络交换机总数分别设置为 17 台、37 台、65 台、257 台和 577 台。第二台计算机运行 NOX 控制器来管理 Mininet 模拟的 SDN,第三台计算机运行 Cbench 来测量 NOX 控制器在正常拓扑发现和 LLDP-looping 下的流设置率。选择基本树而不是胖树和

Clos 进行评估,是因为单台计算机可以模拟很大规模的完整基本树拓扑。我们将控制器设置为每秒为每个交换机注入 10 个 LLDP 数据包,以模拟规模更大、数据包注入频率更低的网络。结果如图 5.9 所示,虽然控制器的流设置率会随着网络规模的扩大而降低,但 LLDP-looping 不会随着网络规模的扩大明显降低网络的流设置率。因此,LLDP-looping 专门用于监控延时所消耗的额外带宽不会影响控制平面的性能和扩展性。

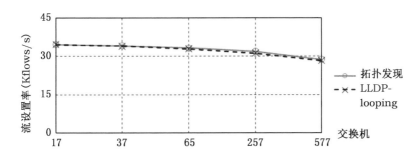

图 5.9 包括不同数量交换机的标准树型拓扑网络的流设置率

然而,控制器的流设置率会因运行拓扑发现过程而降低,且降低幅度随着网络中交换机数量的增加而增大。由于测得的流设置率反映了控制器可为数据包提供的实际流设置率,因此流设置率的降低会影响控制平面的性能和扩展性。根据控制器的计算能力和网络要求转发数据包的速度,大规模网络可能需要使用由多个控制器组成的分布式控制平面,而 LLDP-looping 可在分布式控制平面的每个控制器上运行,以便在监测延时的同时发现控制器所管理网络分区的拓扑。

5.4.5 数据平面的测量负载

在 LLDP-looping 中,每个被注入的带额外 TLV 的 LLDP 数据包都要在目标链路上循环 3 次(2 次用于监测延时,1 次用于发现拓扑),所以 LLDP-looping 会在链路上增加(10+2×44)字节(额外 TLV 增加 10 字节,RTT 测量增加 2 个循环),如表 5.4 所示。当链路的延时测试频率为每秒 10 次时,LLDP-looping 在每条链路消耗的额外带宽为 7.84Kbps,这样的消耗对于带宽为 1Gbps 的链路可以忽略不计。由于 LLDP-looping 控制网络的每个链路在每个测量周期内只能循环使用一个探测数据包,降低了 LLDP-looping 监测网络的链路开销,而在 GRAMI 或其他许多基于 RTT 差的方法中,由于监测点附近的链路被许多路径共享,并被许多探测数据包通过,监测点附近链路延时的带宽消耗会非常大。

5.4.6 测量准确度和负载的比较

我们将 LLDP-looping 与当前文献提出的一些测量方法进行比较,如表 5.5 所示。Opennetmon[79] 和文献[80]中的方法直接实现了公式(5.1),但前者针对的是链路延时大于 1ms 的网络,没有评估延时监测精度;后者校准后的测量精度可达 99%,但校准仅适用于只有 2 台交换机的特定静态网络。我们过去的工作[81]介绍的测量方法在一个多达 30 台交换机的低延时网络经过校准实现了超过 80% 的测量精度,但校准仅适用于静态网络。TTL-looping[82] 通过在链路上循环 1 024 次探测数据包,虽然为仅有 4 台交换机的网络实现了约 75% 的测量精度,但大大增加了数据平面的开销。GRAMI[145] 为一个有 3 台交换机且链路延时设置为 20ms 的模拟网络提供了超过 90% 的测量精度,而 LLDP-looping 可以在链路延时大于 1ms 和 0.05ms 的网络中分别提供准确率高于 97% 和 90% 的延时测量精度。在所列的所有方法中,LLDP-looping 是唯一一种在低延时动态 SDN 系统中不受网络规模影响,且测量准确率超过 90% 的方法。

在所有列出的方法中,只有 GRAMI 和 LLDP-looping 对 RTT 进行测量,并提供优化机制尽可能减少用于监测网络所有链路延时的探测包数量,其他方法测量的是单向延时,且不提供任何优化机制。GRAMI 注入的探测数据包数量由被测试的 SDN 所需的监测点数量决定,而被测试的 SDN 系统拓扑结构决定了 GRAMI 所需的监测点数量以及这些监测点在整个网络中的位置。但是,LLDP-looping 注入的探测数据包数量由 SDN 系统最小节点覆盖的大小决定,因为 LLDP-looping 使用控制平面来处理探测包。由于 LLDP-looping 将延时监测与现有拓扑发现功能(控制器的基本任务之一)相结合,LLDP-looping 用于延时监测的实际开销非常低。

表 5.5 列出的所有单向延时监测方法都会在链路上循环一次探测数据包,但 TTL-looping 除外,TTL-looping 的探测包在被测链路上循环了 1 024 次。

由于 GRAMI 和 LLDP-looping 测量的是 RTT,它们的探测包需要在被测链路上循环 2 次,而 LLDP-looping 需要多循环 1 次以便发现网络拓扑。与上述单向延时监测方法类似,LLDP-looping 不需要部署额外的网络设备,也不需要安装专门用于延时监测的流表项。所以,LLDP-looping 是唯一一种能够持续、高效、准确地监测低延时 SDN 系统所有链路或路径延时的方法,且无须部署专用网络设施和消耗额外的流表。

表 5.5　　　　　　　　　　　　　　链路延时监测方法比较

方法	交换机数（台）	设置延时(ms)	测试包	校准	测量误差	循环次数	流表项	注入字节	注入设备
LLDP-looping	60	0.01—0.5	LLDP 包	有	$-9\%-5\%$	2	无	$10r$	控制器
LLDP-looping	60	1—10	LLDP 包	无	$-3\%-0$	2	无	$10r$	控制器
文献[81]的方法	30	0/1/5	LLDP 包	有	20%/5%/3%	1	无	$34n$	控制器
文献[80]的方法	2	0/10/30	以太网帧	有	1%	1	无	$24n$	控制器
Opennetmon[79]	4	1/5	以太网帧	无	不确定	1	无	$24n$	控制器
TTL-looping[82]	4	0	以太网帧	无	25%	1 024	无	$24n$	控制器
GRAMI[145]	3	20	ICMP 包	无	≤10%	2	有	$74m$	主机

注:n 和 r 分别是链路数和网络的最小节点覆盖的大小,m 为 GRAMI 的监测点的数量。

5.4.7　拓展到物理 SDN 系统

5.4.7.1　模拟网络对测量准确率的影响

由于在模拟的交换机上进行时间测量,得到的测量结果可能包含底层操作系统处理其他模拟交换机任务的额外时间消耗,所以在模拟 SDN 网络上通过 LLDP-looping 和 Ping 测量的链路延时并不完全准确。为了准确估计 LLDP-looping 在模拟网络的测量精度,我们以配置的链路延时为基准,重新计算 LLDP-looping 的测量精度,因为无论测量得到的延时是否包含额外的时间消耗,配置的链路延时都代表了每个 LLDP 数据包经历的、由底层操作系统模拟的链路的真实延时。因此,我们考虑了与图 5.7(a)和图 5.7(b)完全相同的测试场景,计算这些测试场景的测量误差,如图 5.10(a)所示,当设置的链路延时为 0.01ms、0.05ms、0.1ms、0.5ms、1ms、5 和 ms10ms 时,测量误差分别约为

120％、28％、14％、5％、0.4％、0.08％和 0.004％,且该误差不会随着网络规模的扩大而增加。同样,如果能接受的测量误差是基准的 10％,那么在不校准的情况下,LLDP-looping 无法为链路延时小于 0.1ms 的网络提供可接受的测量精度。如图 5.10(b)所示,由于 LLDP-looping 测量的链路延时不会随着网络规模的扩大而有太大变化,我们使用 11us 的常数来校准 LLDP-looping 所测得的链路延时。校准后的测量误差如图 5.10(c)所示。很明显,在链路延时设置为 0.05ms、0.1ms 和 0.5ms 的网络中,LLDP-looping 可以将测量误差减小到 10％以下。除了由 20 台交换机组成的测试场景外,其他大多数测试场景中,LLDP-looping 能为链路延时配置为 0.01ms 的网络提供不超过 10％测量误差,而测量误差的增加证明底层操作系统处理其他模拟交换机任务的一些额外成本可能被添加到 LLDP-looping 测量的延时中。

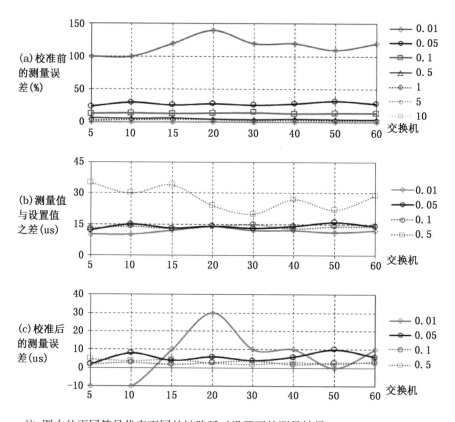

注:图中的不同符号代表不同的链路延时设置下的测量结果。

图 5.10 以链路设置延时为基准的链路延时测量误差

事实上,模拟网络的实际链路延时是虚拟交换机处理数据包和从端口发送数据包的延时(设置链路延时)之和。由于 LLDP-looping 的实际测量误差应以模拟网络的实际链路延时为基准,因此模拟网络 LLDP-looping 的实际测量误差低于上述计算结果。因为在物理网络中,LLDP-looping 的实际链路延时测量误差不包括模拟网络可能产生的额外时间消耗,所以在物理网络中 LLDP-looping 的实际测量误差会低于 LLDP-looping 在模拟网络的测量误差。从这个意义上来说,与 LLDP-looping 在物理网络上的实际测量误差相比,上述计算出的测量误差偏大;也就是说,LLDP-looping 在物理网络上的测量误差与在模拟网络上相同甚至更低。

5.4.7.2　虚拟交换机对测量精度的影响

使用 LLDP-looping 监测轻负载 SDN 系统延时的场景下,由于 LLDP-looping 通过数据平面确定链路延时,交换机的 CPU 频率波动会导致测量结果抖动,降低测量精度。我们使用一个模拟的 SDN 系统,该系统包含多个由 NOX 控制器控制的软交换机(Openvswitch)。由于 Openvswitch 在主机上运行,主机的 CPU 时钟频率通常高于物理交换机的 CPU 时钟频率,所以,模拟 SDN 系统产生的测量抖动会大于物理 SDN 产生的抖动。因此,模拟 SDN 系统上的延时测量比物理 SDN 上的延时测量产生更大的测量误差。综合考虑到我们模拟的 SDN 系统的链路延时比大多数物理 SDN 系统低;例如,Ping 在我们模拟的 SDN 系统上测量的 RTT 小至 0.05ms,而我们的测试平台(由通过 1Gbps 交换机连接的两台主机组成)的 RTT 为 0.2ms,而且测量精度会随着网络中实际链路延时的减少而降低,与我们模拟的 SDN 系统相比,LLDP-looping 可以在物理 SDN 系统上实现更高的测量精度。

5.4.7.3　在物理网络上使用 LLDP-looping

注入探测包的控制器不可能总是与接收探测包的交换机直接相连。使用 LLDP-looping 监测具有带外控制平面的 SDN 链路延时,交换机和控制器通过专用的管理网络相连,控制器注入的探测包通过管理网络的传统交换或路由算法路由到接收探测包交换机。因此,将注入的探测包路由到接收交换机不会影响数据平面,也不会妨碍使用 LLDP-looping 来监测数据平面的链路延时。但是,在拥有数十万台甚至更多主机的大规模 SDN 系统中,使用带外管理网络可能会出现较大的数据包转发延时,因为将 SDN 的所有交换机连接到控制器的管理网络会生成大量的流表项,导致查找管理数据包的流表项延时较大[31],从而增加控制平面的流设置延时。另外,采用分布式控制平面会增大控制器间的同步延时,这些可扩展性问题将会在今后的工作中进一步研究。当使用 LLDP-looping 监控带有带内控制平面的 SDN 的链路延时时,数据平面和控制器的互联以及交换机之间的互联使用相同的网络设施,而控制器注入的探测包可根据交换机的引导过程,通过不同方式路由到目的交换机[32]。然而,在具有带内控制平面的大规模 SDN 中,由于所有探测包和数据包共享相同的网络设施,将注入的探测包转发到接收交换机会增加相应交换机和链路的开销。为了在具有带内控制平面的 SDN 上实现 LLDP-looping,必须解决控制器位置问题,即在整个网络中找到放置控制器的最佳位置,从而使探测包产生的开销最小,该问题也将在今后的研究中解决。

本章提出的 LLDP-looping 方法用于监控网络物理链路的延时。不能直接监测虚拟网络上虚拟链路的延时,因为虚拟链路是由多个物理链路组成的逻辑链路,而在 LLDP-looping 中用作探测数据包的 LLDP 数据包只能到达逻辑链路上的第一个物理链路。但是,通过 LLDP-looping 测量得到网络中每个物理链路的延时,就可以根据测量结果计算出虚拟链路的延时。

5.5　结论

低延时网络必须持续、高效、准确地监测其延时,以保证延时敏感应用的 QoS 或者 QoE。我们在本章中提出了 LLDP-looping 这种方法,通过控制平面向数据平面注入 LLDP 数据包,并强制 LLDP 数据包在链路上循环 3 次,在 SDN 系统交换机上确定网络的链路延时。LLDP-looping 保证了对链路延时的成功测量,避免了目前大多数测量方法可能产生的系统误差和测量误差。以 Ping 测量的 RTT 为基准,在链路延时大于 1ms 的 SDN 系统中,LLDP-looping 无须校准即可得到高于 97% 的测量精度,在链路延时低至 0.05ms 的 SDN 系统中,校准后的测量精度可高于 90%。本章将最小化延时测量的资源消耗问题模型化为网络的 VCP,通过寻找网络的最小节点覆盖,最大限度地减少 LLDP-looping 在控制平面和数据平面的开销。本章还进一步提出一种新颖的贪婪算法来求解该 VCP,最大限度地减少每个链路上循环的 LLDP 数据包数量,在树型网络拓扑上最小化延时监测的资源消耗。本章还在模拟的 SDN 网络对 LLDP-looping 的性能进行评估,结果表明,当需要持续监测所有 SDN 链路延时的时候,LLDP-looping 可有效提高测量精度,减少控制平面和数据平面的开销,并优化资源使用。虽然 LLDP-looping 的实施需要修改控制器和交换机软件,但本章提供的原型实现表明,该修改可以做到很小,且能够很容易地集成到 SDN 的任何控制器或交换机。

第 6 章

结论和展望

本书通过解决以下四个关键问题对可扩展 SDN 控制平面的设计和度量进行了研究：①如何为非虚拟化的 SDN 系统提供高效、可扩展的分布式控制器；②如何为虚拟化后的 SDN 系统提供高效、可扩展的网络管理程序；③如何联合优化控制器的组织和布局，从而最大限度地提高 WA-SDN 系统的扩展性；④如何为低延时 SDN 系统提供准确、高效、持续的延时监测方法。这些问题都在本书的第 1 章中提出，并在第 2 章至第 5 章中逐步解决，解决的方法包括新颖的服务、算法和指标，以便在各种约束条件下更好地开发、优化和评估可扩展的控制平面解决方案。

6.1 结论

要解决本书第 2 章提出的问题，需要解决分布式控制平面中保持控制器间的强一致性会降低网络扩展性的核心问题。网络管理员和用户最关心网络的配置、管理或优化策略能否被正确执行，如果丧失这种正确性，保持控制器间的强一致性就没有实际意义。此外，保持这种强一致性会大大增加控制器的复杂性,限制控制器的可用性,并给拓扑事件的收敛带来额外的延时。因此,我们放宽了强一致性要求,转而设计控制器之间的最终一致性。这种最终一致性可通过反复轮询网络状态来实现,无须依赖任何共识机制。考虑到现有的分布式控制平面可以通过在控制器和交换机之间插入代理来重播控制器之间的事件,使控制器之间保持最终一致性,但这种设计对于创建流表项和构建全局网络拓扑来说并不高效,本书第 2 章提出了 ECS,实现了一种新颖的事件协调系统,无须就事件更新达成共识,以提供较高的事件重播率,为带分布式控制平面的大规模网络提供较低的流量设置延时和较高的全局网络拓扑更新率。第 2 章在 NOX 上搭建分布式控制平面的原型,基于模拟 SDN 系统的评估表明,其性能和扩展性优于现有的最终一致性解决方案。对于控制器之间的暂时不一致,第 2 章评估了不一致窗口,讨论了减小不一致窗口的方法。

要解决本书第 3 章面临的问题,需要降低虚拟化后的 SDN 系统的网络监控器程序产生的额外延时和收集流统计信息所增加的开销。由于之前提出的网络监控器程序无法解决这个问题,第 3 章将第 2 章提出的 DisCon 扩展为 DeNH。DeNH 依赖 DisCon 提供的事件重放系统维护全局网络拓扑,在全局范围内实现虚拟网络的嵌入和匹配。它还利用事件重放系统提供轻量级映射表缓存,通过从原始映射表预先获取映射记录,显著提高缓存命中率,有效减少 DeNH 带来的额外延时。它直接使用转发到控制平面的数据包来统计流量信息,大大减少从交换机收集流统计信息所带来的开销。第 3 章在 NOX 上对 DeNH 进行了原型验证,评估结果表明,该监控器程序可以提供较低的流设置延时,通过合理配置流表项超时,还可以使用控制器上直接统计的流统计信息准确检测出网络中的大象流。

本书第 4 章解决如何在大规模 WA-SDN 系统中共同优化控制器的组织和布局难题。过去的研究主要基于特定的控制平面结构,这些结构决定了控制器的组织方式。由于控制器在控制平面中的组织方式限制了控制平面所能支持的控制器合作等级,控制器的组织方式又反过来影响网络性能和可用性。第 4 章所提出的通用控制器放置问题 GCPP 将控制器放置推广到 WA-SDN 系统上各种分布式控制平面结构。GCPP 能找到最佳的控制器组织和位置,使控制器到交换机延时、控制器到控制器延时和控制器间的负载不平衡问题同时最小化。由于 GCP 有 3 个相互冲突的目标,并且面向大规模 WA-SDN 系统,因此穷举法和贪婪法无法对 GCPP 快速求解。第 4 章将现有的 NSGA-II 算法扩展为 E-NSGA-II,使其具有基于 PSO 的变异算子,能够在较短的时间内为大规模网络的 GCPP 提供高质量的近似解。第 4 章在真实的 ISP 网络配置上进行了广泛的评估,结果表明,E-NSGA-II 的精度比 NSGA-II 和贪婪算法更高;层次分布式控制平面由于能更好地平衡三个目标,比平面分布式控制平面具有更好的扩展性,所以层次分布式控制平面能够为大规模 WA-SDN 系统提供更好的扩展性。

本书第 5 章解决当前的链路延时监测方法不准确、效率低,而且不适合在低延时 SDN 系统上保证延时敏感应用的 QoS/QoE 等难题。已有的测量方法对链路延时的测量精度不够,精确度远低于 90%,存在系统误差,且不能保证每次测量都能成功。第 5 章通过将 LLDP 数据包从控制平面注入数据平面,强制 LLDP 数据包在链路上循环 3 次,在交换机上实现链路延时的计算,在链路延时低至 0.05ms 的 SDN 系统中,以 Ping 测量的 RTT 为基准,获得优于 90% 的测量精度,同时保证延时测量的成功率,完全避免了当前大多数测量方法中存在的系统误差。第 5 章通过模型化一个 VCP 来寻找网络的最小节点覆盖,最大限度地减少这种测量方法在控制平面和数据平面的开销,并开发一种新颖的贪婪算法来解决基于树状网络拓扑的 VCP 问题。在模拟网络和物理网络场景中进行的评估证明了该方法的准确性和良好的扩展性。

6.2　未来研究的展望

6.2.1　保持最终一致性的多控制器更新的一致性问题

如本书第 2 章所述,SDN 系统在数据平面也存在一致性问题。这个问题主要由多台交换机对流表项的异步更新所引发,研究该问题旨在降低相关交换机之间状态的不一致,提高网络的可用性[91]。对该一致性问题的研究,目前主要集中在具有集中式控制平面或由多个强一致性控制器组成的分布式控制平面的 SDN 系统中进行[92]，在由多个保持最终一致性的控制器组成的分布式控制平面的 SDN 系统中尚未得到探讨[154]。在由多台保持最终一致性的控制器组成的分布式控制平面的 SDN 系统这种新的网络场景中，与该一致性问题相关的研究包括在保持最终一致性的控制器下实现这种一致性的可行性，以及开发出避免或减少控制器间临时不一致，从而影响流量转发的方法。

6.2.2　使用转发到控制平面的流量包统计流量信息

提供全局网络视图对于 SDN 系统实现全网管理和优化至关重要，但由于 SDN 交换机统计的流量数据保存在流表项，体量大且必须从数据平面传输到控制平面，导致构建全局网络视图的成本很高。当前最先进的方法通常需要对交换机的统计数据进行聚合或过滤，减少统计数据的传输量，但这些方法需要修改交换机的原始设计或增加专用服务器，可能引发系统的兼容性问题，增加系统部署成本[9][50]。此外，对于具有带内控制平面的 SDN 系统来说（带内控制平面内使用互连交换机的网络设施连接交换机和控制器），这种方法会消耗宝贵的数据流带宽。

本书第 3 章中，我们提出利用转发到控制平面的数据包直接生成流统计信息，并证明通过减小流表项的超时时间，该流量统计信息可以准确检测出网络中的大象流。但是，减小流表项的超时时间会增加发送到控制平面的数据包总数，从而增加交换机转发数据流的实际延时，尤其是大象流的流转发延时，因为大象流发送到控制平面的数据包往往多于老鼠流。虽然当前的研究已对相关的优化问题进行建模，并通过寻找最佳的流表项超时时间同时最小化网络延时和优化流表使用率[155]，但通过寻找最佳的流表项超时时间，同时优化网络延时、流表使用率，以及使用转发到控制平面的数据包生成的流统计信息来检测大象流的准确性，仍尚待研究。

解决该问题的一种可行方案是初始化极短的流表项超时时间，来快速检测出网络中的大象流，然后增加这些大象流的流表项超时时间，使发送到控制平面的大象流数据包总数保持在较低水平。由于老鼠流数据包较少，持续时间较短，因此短超时不会显著增加转发到控制平面的老鼠流数据包数量。相反，短超时可以快速检测到网络中的大象流。一旦检测到潜在的大象流，再增加其超时时间,这样转发到控制平面的大象流数据包总数就不会增加。这种自适应方法可以在提高大象流侦测精度的同时,减少交换机转发大象流的延时和流量表的使用空间。基于这一策略,我们可以进一步研究空闲超时和硬超时对该问题的影响,归纳出两种超时在不同网络环境下的优化问题,并找到有效的求解方法。我们需要考虑不同网络场景下的相互冲突的目标和各种约束条件下的优化问题的规模。

6.2.3 将控制器放置问题扩展到网络边缘

第 4 章中,我们研究了如何为 WA-SDN 系统寻找最佳控制器组织和位置的通用控制器放置问题 GCPP。由于 WA-SDN 系统通常位于网络核心,而移动设备数量的激增和物联网的发展使得网络边缘变得异常复杂,因此,将控制平面分层并将控制器放置问题扩展到网络边缘(如企业数据中心)意义重大。由于 WA-SDN 系统的传播延时远大于处理延时、排队延时和传输延时,所以第 4 章提出的 GCPP 并没有考虑网络的真实流量。但是,网络边缘系统上的控制器放置问题必须考虑这 3 种延时,因为交换机通常被紧密地放置在网络边缘[156]。我们需要制定新的目标和约束条件,以满足将第 4 章提出的 GCPP 扩展到网络边缘这种新网络场景的要求;还需要生成一个通用模型,抽象出各种边缘系统上不同类型控制平面的流量请求,开发能够克服边缘系统中大量网络节点的新算法,以找到此类 GCPP 的高质量近似解。

6.2.4 将 LLDP-looping 扩展到不同的网络场景

本书第 5 章中,我们为低延时数据中心网络提出了一种名为 LLDP-looping 的链路延时监测方法。LLDP-looping 使用控制平面向数据平面注入 LLDP 数据包,并通过强制 LLDP 数据包在链路上循环 3 次,使交换机可以计算链路的延时。LLDP-looping 可以准确、持续地监测网络所有链路的延时,但是,由于 LLDP 数据包在局域网内运行,LLDP-looping 无法监控局域网间互联链路的延时。要将 LLDP-looping 扩展到广域网,需要开发新的机制来测量局域网间互联链路的延时。由于 LLDP-looping 需要控制平面向一组交换机注入 LLDP 数据包,在交换机数量众多的局域网中,如何在控制平面将注入的 LLDP 数据包有效路由到选定的交换机,目前还是一个开放问题。目前的研究尚未对控制平面中的路由控制进行全面研究[32][154]。如果需要监测更大规模局域网的链路延时,可在具有多个控制器的分布式控制平面中部署 LLDP-looping。研究如何在分布式控制平面中使用 LLDP-looping 的可行性,在保持 LLDP-looping 测量精度的同时减少 LLDP-looping 的开销,也是未来的一个研究方向。

6.2.5　其他技术在不同网络场景的应用

SDN 是一种网络架构,是整个网络管理和优化的基础,可应用在各种网络场景。将 SDN 应用到物联网关注的是高度异构网络的容量和安全性[157]。将 SDN 应用到工业互联网关心的是如何构建一个智能协调平台,以便在工业通信网络中实现细粒度信息的交换。SDN 还是 5G 网络的关键技术之一,但如何使用 SDN 对网络资源进行切片,并在大型系统中获得所需的性能和扩展性,尚未实现标准化[158]。

由于 SDN 具有集中式控制平面,因此适合云计算(CC)的集中式架构,并已广泛应用于云网络,以优化网络和服务管理[159]。云计算的用户场景多种多样,因此在网络资源优化和智能管理方面潜力巨大。由于集中式架构通常意味着可扩展性问题,将网络控制细致地分配到多个层级(每个层级都与雾计算技术相结合)是解决此类问题的一种方法[160]。凭借收集网络统计数据和实现集中网络控制的基本功能,SDN 可以与人工智能和大数据技术相结合,在各种网络环境下提供智能解决方案[161]。

参考文献

[1]Benson T, Akrlla A, Maltz D A. Unraveling the complexity of network management[C]. NSDI, 2009: 335—348.

[2]Sezer S, Scott-Hayward S, Chouhan P K, et al. Are we ready for SDN? Implementation challenges for software-defined networks[J]. *Communications Magazine*, 2013, 51(7): 36—43.

[3] Open Networking Foudnation. Software-defined networking: The new norm for networks[EB/OL]. https://opennetworking. org/sdn - resources/whitepapers/software- defined - networking - the - new - norm - for - networks, retrieved in Jan. 2019.

[4]Sdxcentral. 2013 SDN market size report[EB/OL]. [2013]. https:// www. sdxcentral. com/ reports/sdn-market-size-infographic-2013, retrieved in Jan. 2019.

[5]Research and Markets. Global Software Defined Networking market- industry trends, opportunities and forecasts to 2023[EB/OL]. [2018—01]. https://www. marketwatch. com/press-release/global-software-defined-net- working-sdn-market-2017-2023-market-is-set-to-expand-at-a-cagr-of-5164—re- searchandmarketscom-2018-01-29, retrieved in Jan. 2019.

[6]Sdxcentral. 2015 SDN and NFV market size and forecast report[EB/ OL]. [2015]. https://edoc. site/sdxcentral-sdn-nfv-market-size-report-2015-a -pdf-free. html, retrieved in Jan. 2019.

[7]Bannour F, Souihi S, Mellouk A. Distributed SDN control: Survey, taxonomy, and challenges[J]. *Communications Surveys & Tutorials*, 2017,

20(1)：333—354.

[8]Xie J，Guo D，Hu Z，et al. Control plane of software defined networks：A survey[J]. *Computer Communications*，2015，67：1—10.

[9]Curtis A R，Mogul J C，Tourrilhes J，et al. DevoFlow：Scaling flow management for high-performance networks[C]. ACM SIGCOMM 2011 Conference，2011：254—265.

[10]Open Networking Foundation. OpenFlow switch specification version 1. 0. 0 (wire protocol 0x01). [EB/OL].[2013—04—11]. https://open-networking. org/wp-content/uploads/2013/04/openflow-spec-v1. 0. 0. pdf，retrieved in Jan. 2019.

[11]Open Networking Foundation. OpenFlow switch specification version 1. 3. 0 (wire protocol 0x04).[EB/OL].[2014—10]. https://www. open-networking. org/wp-content/uploads/2014/10/openflow-spec-v1. 3. 0. pdf，retrieved in Jan. 2019.

[12]Guge N，Koponen T，Pettit J，et al. NOX：towards an operating system for networks[J]. *ACM SIGCOMM Computer Communication Review*，2008，38(3)：105—110.

[13]Erickson D. The beacon openflow controller[C]. 2nd ACM SIGCOMM Workshop on Hot Topics in SDN，2013：13—18.

[14]Cai Z，Cox A L，Ng T S. Maestro：A system for scalable openflow control[J]. *Rice University*，*Technique Report*，2011.

[15]Floodlight Website. Floodlight is a Java-based OpenFlow controller [EB/OL].[2015—12]. http://floodlight. opeflowhub. org，retrieved in January. 2018.

[16]Nippon Telegraph and Telephone Corporation. Ryu network operating system[EB/OL]. [2011—12—11]. http://osrg. github. com/ryu，retrieved in January. 2018.

[17]Vishnol A，Poddar R，Mann V，et al. Effective switch memory management in OpenFlow networks[C]. 8th ACM international Conference

on Distributed Event-Based Systems, 2014: 177—188.

[18]Kim T, Lee K, Lee J, et al. A dynamic timeout control algorithm in software defined networks[J]. *International Journal of Future Computer and Communication*, 2014, 3(5): 331.

[19]Open Networking Foundation. Current versions of OpenFlow specifications[EP/OL]. https://www. opennetworking. org/software - defined - standards/specifications/, retrieved in Jan. 2019.

[20]Tootoonchian A, Gorbunov S, Ganjali Y, et al. On controller performance in software-defined networks[C]. 2nd USENIX Workshop on Hot Topics in Management of Internet, Cloud, and Enterprise Networks and Services, 2012.

[21]Medved J, Varga R, Tkacik A, et al. Opendaylight: Towards a model-driven sdn controller architecture[C]. 15th International Symposium on a World of Wireless, Mobile and Multimedia Networks, 2014: 1—6.

[22]Koponen T, Casado M, Gude N, et al. Onix: A distributed control platform for large-scale production networks[C]. 9th USENIX Symposium on Operating Systems Design and Implementation, 2010: 1—6.

[23]Tootoocian A. A distributed control plane for OpenFlow[C]. NSDI Internet Network Management on Research on Enterprise Networking, 2010.

[24]Berde P, Gerola M, Hart J, et al. ONOS: Towards an open, distributed SDN OS[C]. 3rd Workshop on Hot Topics in SDN, 2014: 1—6.

[25]Hassas Yeganeh S, Ganjali Y. Kandoo: A framework for efficient and scalable offloading of control applications[C]. 1st Workshop on Hot Topics in SDN, 2012: 19—24.

[26]Panda A, Zheng W, Hu X, et al. SCL: Simplifying distributed SDN control planes[C]. 14th USENIX Symposium on Networked Systems Design and Implementation, 2017: 329—345.

[27]Drutskoy D A. Software-defined network virtualization with flowN [D]. Department of Computer Science of Princeton University, 2012.

[28]Han Y. A framework for development operations and management of SDN-based virtual networks[D]. Pohand University of Science and Technology，2017.

[29]Al-Shabibi A，De Leenheer M，Gerola M，et al. OpenVirteX：Make your virtual SDNs programmable[C]. 3rd Workshop on Hot Topics in SDN，2014：25－30.

[30]Zhang T，Bianco A，Giaccone P. The role of inter-controller traffic in SDN controllers placement[C]. Conference on Network Function Virtualization and SDN，2016：87－92.

[31]Niranjan M R，Pamboris A，Farrington N，et al. Portland：a scalable fault-tolerant layer 2 data center network fabric[C]. ACM SIGCOMM 2009 Conference on Data Communication，2009：39－50.

[32]Sharma S，Staessens D，Colle D，et al. In-band control，queuing，and failure recovery functionalities for openflow[J]. *IEEE Network*，2016，30(1)：106－112.

[33]Stanford OpenFlow 1. 0 Reference Switch. OpenFlow switching reference system source code[EB/OL]. [2008]. https://github. com/mininet/openflow，retrieved in January. 2014.

[34]Cpqd OpenFlow 1. 3 Reference Switch. OpenFlow 1. 3 software switch source code[EB/OL]. [2012]. https://github. com/CPqD/ofsoftswitch13，retrieved in January. 2014.

[35]Open vSwitch Official Website. Production quality，multilayer open virtual vwitch[EB/OL]. http://openvswitch. org，retrieved in Jan. 2019.

[36]Pfaff B，Pettit J，Amidon K，et al. Extending networking into the virtualization layer[C]. ACM Workshop on Hot Topics in Networks，2009.

[37]Naous J，Erickson D，Covington G A，et al. Implementing an OpenFlow switch on the NetFPGA platform[C]. 4th ACM/IEEE Symposium on Architectures for Networking and Communications Systems，2008：1－9.

[38]Velusany G，Gurkan D，Narayan S，et al. Fault-tolerant OpenFlow-

based software switch architecture with LINC switches for a reliable network data exchange[C]. 2014 Third GENI Research and Educational Experiment Workshop，2014：43—48.

[39]Doria A，Salim J H，Haas R，et al. Forwarding and control element separation (ForCES) protocol specification[EP/OL]. http://www. ietf. org/rfc/rfc5810. txt，retrieved in Jan. 2018.

[40]Open Networking Foundation. OpenFlow configuration and management protocol OF-CONFIG1. 0[EB/OL]. [2013—02]. https://www. open-networking. org/wp‐content/uploads/2013/02/of‐config1dot0‐final. pdf，retrieved in January. 2018.

[41]Pfaff B and Davie B. The open vswitch database management protocol RFC 7047[EP/OL]. http://www. ietf. org/rfc/rfc7047. txt，retrieved in January. 2018.

[42]Foster N，Harrison R，Freedman M J，et al. Frenetic：A network programming language[J]. *ACM Sigplan Notices*，2011，46(9)：279—291.

[43]Monsanto C，Foster N，Happison R，et al. A compiler and run-time system for network programming languages [J]. *ACM Sigplan Notices*，2012，47(1)：217—230.

[44]Yap K K，Huang T Y，Dodson B，et al. Towards software-friendly networks[C]. 1st ACM Asia-Pacific Workshop on Systems，2010：49—54.

[45]Monaco M，Michel O，Keller E. Applying operating system principles to SDN controller design[C]. 12th ACM Workshop on Hot Topics in Networks. 2013：1—7.

[46]Hand R，Keller E. Closedflow：Openflow-like control over proprietary devices[C]. 3rd Workshop on Hot Topics in SDN，2014：7—12.

[47]Fu Y，Bi J，Gao K，et al. Orion：A hybrid hierarchical control plane of software-defined networking for large-scale networks[C]. 22nd International Conference on Network Protocols，2014：569—576.

[48]Santos M A S，Nunes B A A，Oeraczka K，et al. Decentralizing

SDN's control plane[C]. 39th Annual IEEE Conference on Local Computer Networks，2014：402—405.

[49]Voellmy A，Wang J. Scalable software defined network controllers [C]. ACM SIGCOMM 2012 Conference on Applications，Technologies，Architectures，and Protocols for Computer Communication，2012：289—290.

[50]Yu M. Scalable flow-based networking with DIFANE[J]. *ACM SIGCOMM Computer Communication Review*，2011，41(4)：351.

[51]Jarschel M，Lehrieder F，Magyari Z，et al. A flexible OpenFlow-controller benchmark[C]. European Workshop on Software Defined Networking，2012：48—53.

[52]Rotsos C，Sarrar N，Uhlig S，et al. OFLOPS：An open framework for OpenFlow switch evaluation[C]. 13th International Conference on Passive and Active Measurement，2012：85—95.

[53]Hsu C H，Kremer U. IPERF：A framework for automatic construction of performance prediction models[C]. Workshop on Profile and Feedback -Directed Compilation. 1998.

[54]Muuss M. The story of the PING program[EB/OL]. http://mirrors. pdp-11. ru/_vax/www. bandwidthco. com/whitepapers/netforensics/icmp/The％20Story％20of％20the％20PING％20Program. pdf，retrieved in Jan. 2018.

[55]Hubert B. Linux advanced routing & traffic control HOWTO[J]. *Netherlabs BV*，2002(1)：99—107.

[56]NS-3 Project. NS-3：OpenFlow switch support[EB/OL]. http:// www. nsnam. org/docs/release/3. 13/models/html/openflowswitch. html，retrieved in Jan. 2018.

[57]Wang S Y，Chou C L，Yang C M. EstiNet openflow network simulator and emulator[J]. *Communications Magazine*，2013，51(9)：110—117.

[58]Handigol N，Heller B，Jeyakumar V，et al. Reproducible network experiments using container-based emulation[C]. 8th International Confer-

ence on Emerging Networking Experiments and Technologies，2012：253－264.

[59]MathWorks Website[EB/OL]. https://www. mathworks. com/products/matlab. html.

[60]Blenk A，Basta A，Reisslein M，et al. Survey on network virtualization hypervisors for software defined networking[J]. *Communications Surveys & Tutorials*，2015，18(1)：655－685.

[61]Sherwood R，Gibb G，Yap K K，et al. Flowvisor：A network virtualization layer[J]. *OpenFlow Switch Consortium*，*Tech*. *Rep*，2009(1)：132.

[62]Curtis A R，Kim W，Yalagandula P. Mahout：Low-overhead datacenter traffic management using end-host-based elephant detection[C]. INFOCOM，2011：1629－1637.

[63]Xu H，Yu Z，Qian C，et al. Minimizing flow statistics collection cost of SDN using wildcard requests[C]. INFOCOM，2017：1－9.

[64]Michel O，Keller E. SDN in wide-area networks：A survey[C]. Fourth International Conference on Software Defined Systems，2017：37－42.

[65]Khan S，Gani A，Wahab A W A，et al. Topology discovery in software defined networks：Threats，taxonomy，and state-of-the-art[J]. *Communications Surveys & Tutorials*，2016，19(1)：303－324.

[66]Heller B，Sherwood R，Mckeown N. The controller placement problem[J]. *ACM SIGCOMM Computer Communication Review*，2012，42(4)：473－478.

[67]Yao G，Bi J，Li Y，et al. On the capacitated controller placement problem in software defined networks[J]. *Communications Letters*，2014，18(8)：1339－1342.

[68]Ros F J，Ruiz P M. On reliable controller placements in software-defined networks[J]. *Computer Communications*，2016(77)：41－51.

[69]Hock D，Hartmann M，Gebert S，et al. Pareto-optimal resilient controller placement in SDN-based core networks[C]. Teletraffic Congress，

2013：1—9.

[70]Lin S C，Wang P，Luo M. Control traffic balancing in software de-fined networks[J]. *Computer Networks*，2016(106)：260—271.

[71]Zeng D，Teng C，Gu L，et al. Flow setup time aware minimum cost switch-controller association in software-defined networks[C]. 11th Interna-tional Conference on Heterogeneous Networking for Quality，Reliability，Se-curity and Robustness，2015：259—264.

[72]Wang T，Liu F，Guo J，et al. Dynamic SDN controller assignment in data center networks：Stable matching with transfers[C]. INFOCOM，2016：1—9.

[73]Yao L，Hong P，Zhang W，et al. Controller placement and flow based dynamic management problem towards SDN[C]. International Confer-ence on Communication Workshop，2015：363—368.

[74]Eylen T，Bazlamaçi C F. One-way active delay measurement with er-ror bounds[J]. *Transactions on Instrumentation and Measurement*，2015，64 (12)：3476—3489.

[75]Fabini J，Abmayer M. Delay measurement methodology revisited：Time-slotted randomness cancellation[J]. *Transactions on Instrumentation and Measurement*，2013，62(10)：2839—2848.

[76]Lee M，Duffield N，Kompella R R. Not all microseconds are equal：Fine-grained per-flow measurements with reference latency interpolation[C]. ACM SIGCOMM 2010 Conference. 2010：27—38.

[77]Fraleigh C，Diot C，Lyles B，et al. Design and deployment of a pas-sive monitoring infrastructure[C]. Evolutionary Trends of the Internet，2001：556—575.

[78]Shahzad M，Liu A X. Accurate and efficient per-flow latency meas-urement without probing and time stamping[J]. *Transactions on Networ-king*，2016，24(6)：3477—3492.

[79]Van Adrichem N L M，Doerr C，Kuipers F A. Opennetmon：Net-

work monitoring in openflow software-defined networks[C]. Network Operations and Management Symposium, 2014: 1—8.

[80]Phemius K, Bouet M. Monitoring latency with openflow[C]. Conference on Network and Service Management, 2013: 122—125.

[81]Liao L, Leung V C M. LLDP based link latency monitoring in software defined networks[C]. Conference on Network and Service Management, 2016: 330—335.

[82]Altukhov V, Chemeritskiy E. On real-time delay monitoring in software-defined networks[C]. International Science and Technology Conference, 2014: 1—6.

[83]Sinha D, Haribabu K, Balasubramaniam S. Real-time monitoring of network latency in software defined networks[C]. International Conference on Advanced Networks and Telecommuncations Systems, 2015: 1—3.

[84]Deb K, Pratap A, Agarwal S, et al. A fast and elitist multiobjective genetic algorithm: NSGA-II[J]. *Transactions on Evolutionary Computation*, 2002, 6(2): 182—197.

[85]Simon D. *Evolutionary optimization algorithms*[M]. John Wiley & Sons, 2013.

[86]Aslan M, Matrawy A. Adaptive consistency for distributed SDN controllers[C]. International Telecommunications Network Strategy and Planning Symposium, 2016: 150—157.

[87]Sakic E, Sardis F, Guck J W, et al. Towards adaptive state consistency in distributed SDN control plane[C]. International Conference on Communications, 2017: 1—7.

[88]Guck J W, Van Bemten A, Reisslein M, et al. Unicast QoS routing algorithms for SDN: A comprehensive survey and performance evaluation[J]. *Communications Surveys & Tutorials*, 2017, 20(1): 388—415.

[89]Al-Fares M, Radhakrishnan S, Raghavan B, et al. Hedera: dynamic flow scheduling for data center networks[C]. 7th USENIX Conference on

Networked Systems Design and Implementation，2010，10(8)：89—92.

［90］Kurose J F，Ross K W. Computer networking：A top-down approach edition［J］. *Pearson Addision Wesley*，2007.

［91］Levin D，Wundsam A，Heller B，et al. Logically centralized? State distribution trade-offs in software defined networks［C］. 1st ACM Workshop on Hot topics in SDN，2012：1—6.

［92］Zheng J，Chen G，Schmid S，et al. Scheduling congestion-and loop-free network update in timed sdns［J］. *Journal on Selected Areas in Communications*，2017，35(11)：2542—2552.

［93］Dake S C，Caulfield C，Beelhof A. The corosync cluster engine［C］. Linux Symposium，2008(85)：61—68.

［94］Stridling J，Sovran Y，Zhang I，et al. Simplifying wide-area application development with WheelFS［C］. Symposium on Networked Systems Design and Implementation. 2009：43—58.

［95］Hunt P，Konar M，Junqueira F P，et al. ZooKeeper：Wait-free coordination for internet-scale systems［C］. USENIX Annual Technical Conference，2010.

［96］Open Source Software Computing Group. Accord：A high performance coordination service for write-intensive workloads［EB/OL］. ［2011］. https://github. com/collie/accord，retrieved in Feb. 2019.

［97］Reed B，Junqueira F P. A simple totally ordered broadcast protocol ［C］. 2nd Workshop on Large-Scale Distributed Systems and Middleware，2008：1—6.

［98］Keen H. IEEE 802. 1 Q：Virtual bridged local area networks［J］. *IEEE Network*，2000，14(4)：3—3.

［99］Li J，Li D，Yu Y，et al. Towards full virtualization of SDN infrastructure［J］. *Computer Networks*，2018(143)：1—14.

［100］Alaluna M，Vial E，Neves N，et al. Secure and dependable multi-cloud network virtualization［C］. 1st International Workshop on Security and

Dependability of Multi-Domain Infrastructures，2017：1—6.

[101]Han Y，Vachuska T，Al-Shabibi A，et al. ONVisor：Towards a scalable and flexible SDN-based network virtualization platform on ONOS[J]. *International Journal of Network Management*，2018，28(2)：e2012.

[102]Salvadori E，Corin R D，Broglio A，et al. Generalizing virtual network topologies in OpenFlow-based networks[C]. Global Telecommunications Conference，2011：1—6.

[103]Corin R D，Gerola M，Riggio R，et al. Vertigo：Network virtualization and beyond[C]. European Workshop on Software Defined Networking，2012：24—29.

[104]Koponen T，Amidon K，Balland P，et al. Network virtualization in multi-tenant datacenters[C]. 11th USENIX Symposium on Networked Systems Design and Implementation，2014：203—216.

[105]Bozakov Z，Papadimitriou P. Autoslice：Automated and scalable slicing for software-defined networks[C]. ACM conference on CoNEXT student workshop，2012：3—4.

[106]Bashir S，Ahmed N. VirtMonE：Efficient detection of elephant flows in virtualized data centers[C]. International Telecommunication Networks and Applications Conference，2015：280—285.

[107]Garg P，Wang Y. NVGRE：Network virtualization using generic routing encapsulation[R]，2015.

[108]Min S，Kim S，Lee J，et al. Implementation of an OpenFlow network virtualization for multi-controller environment[C]. International Conference on Advanced Communication Technology，2012：589-592.

[109]Liao L，Shami A，Leung V C M. Distributed FlowVisor：A distributed FlowVisor platform for quality of service aware cloud network virtualisation[J]. *IET Networks*，2015，4(5)：270—277.

[110]Fischer A，Botero J F，Beck M T，et al. Virtual network embedding：A survey[J]. *Communications Surveys & Tutorials*，2013，15(4)：

1888－1906.

[111]Benson T，Akella A，Maltz D A．Network traffic characteristics of data centers in the wild[C]．10th ACM SIGCOMM Conference on Internet Measurement，2010：267－280.

[112]Akyildiz I F，Lee A，Wang P，et al．Research challenges for traffic engineering in software defined networks[J]．*IEEE Network*，2016，30(3)：52－58.

[113]Nicira Networks．NOX network control platform[EB/OL]．https://github.com/noxrepo/nox，retrieved in August．2017.

[114]Data Set for IMC 2010 Data Center Measurement[EB/OL]．http://pages.cs.wisc.edu/~tbenson/IMC10_Data.html，retrieved in August．2018.

[115]www.forbes.com．State of Enterprise Cloud Computing[EB/OL]．[2018]．https://www.forbes.com/sites/louiscolumbus/2018/08/30/state-of-enterprise-cloud-computing-2018/#2aedfeb4265e，retrieved in Feb．2019.

[116]Hammadi A，Mhamdi L．A survey on architectures and energy efficiency in data center networks[J]．*Computer Communications*，2014(40)：1－21.

[117]Data Center Institute of AFCOM．How is a mega data center different from a massive one? [EB/OL]．[2014－10－15]．http://www.datacenterknowledge.com/archives/2014/10/15/how-is-a-mega-data-center-different-from-a-massive-one，retrieved in Feb．2019.

[118]Li Q，Huang N，Wang D，et al．HQTimer：A hybrid Q-Learning-Based timeout mechanism in software-defined networks[J]．*Transactions on Network and Service Management*，2019，16(1)：153－166.

[119]Lange S，Gebert S，Spoerhase J，et al．Specialized heuristics for the controller placement problem in large scale SDN networks[C]．27th International Teletraffic Congress，2015：210－218.

[120]Possel B，Wismans L J J，Van Berkum E C，et al．The multi-objective network design problem using minimizing externalities as objectives：

Comparison of a genetic algorithm and simulated annealing framework[J]. *Transportation*, 2018(45): 545—572.

[121]Kerr A, Mullen K. A comparison of genetic algorithms and simulated annealing in maximizing the thermal conductivity of discrete massive chains[J]. *arXiv preprint arXiv*, 2018. 18(1): 9328.

[122]Sengupta S, Basak S, Peters R A. Particle swarm optimization: A survey of historical and recent developments with hybridization perspectives [J]. *Machine Learning and Knowledge Extraction*, 2018, 1(1): 157—191.

[123]Bradstreet L. *The hypervolume indicator for multi-objective optimisation: calculation and use*[M]. Perth: University of Western Australia, 2011.

[124]Shavitt Y, Zilberman N. *Internet PoP level maps*[M]. Data Traffic Monitoring and Analysis: From Measurement, Classification, and Anomaly Detection to Quality of Experience, 2013: 82—103.

[125]Chen W N, Zhang J, Lin Y, et al. Particle swarm optimization with an aging leader and challengers[J]. *Transactions on Evolutionary Computation*, 2012, 17(2): 241—258.

[126]Lange S, Gebert S, Zinner T, et al. Heuristic approaches to the controller placement problem in large scale SDN networks[J]. *Transactions on Network and Service Management*, 2015, 12(1): 4—17.

[127]Liao L, LeungV C M. Genetic algorithms with particle swarm optimization based mutation for distributed controller placement in SDNs[C]. Conference on Network Function Virtualization and SDNs, 2017: 1—6.

[128]Wang G, Zhao Y, Huang J, et al. An effective approach to controller placement in software defined wide area networks[J]. *Transactions on Network and Service Management*, 2017, 15(1): 344—355.

[129]Liao J, Sun H, Wang J, et al. Density cluster based approach for controller placement problem in large-scale software defined networkings[J]. *Computer Networks*, 2017(112): 24—35.

[130]Huque M T IU，Si W，Jourjon G，et al. Large-scale dynamic controller placement[J]. *Transactions on Network and Service Management*，2017，14(1)：63—76.

[131]Jiang S，Zhang J，Ong Y S，et al. A simple and fast hypervolume indicator-based multiobjective evolutionary algorithm[J]. *Transactions on Cybernetics*，2014，45(10)：2202—2213.

[132]Lukovszki T，Rost M，Schmid S. It's a match! near-optimal and incremental middlebox deployment[J]. *ACM SIGCOMM Computer Communication Review*，2016，46(1)：30—36.

[133]Jang I，Suh D，Pack S，et al. Joint optimization of service function placement and flow distribution for service function chaining[J]. *Journal on Selected Areas in Communications*，2017，35(11)：2532—2541.

[134]Sanner J M，Ouzzif M，Hadjadj-Aoul Y，et al. Evolutionary algorithms for optimized SDN controllers & NVFs' placement in SDN networks[C]. SDN Day 2016. 2016.

[135]Jaili A，Ahmadi V，Keshtgari M，et al. Controller placement in software-defined WAN using multi objective genetic algorithm[C]. 2nd International Conference on Knowledge-Based Engineering and Innovation，2015：656—662.

[136]Liu S，Wang H，Yi S，et al. NCPSO：A solution of the controller placement problem in software defined networks[C]. International Conference on Algorithms and Architectures for Parallel Processing，2015：213—225.

[137]Mostaghim S，Branke J，Schmeck H. Multi‐objective particle swarm optimization on computer grids[C]. 9th Annual Conference on Genetic and Evolutionary Computation. 2007：869—875.

[138]Spring N，Mahajan R，Wetherall D. Measuring ISP topologies with rocketfuel[J]. *ACM SIGCOMM Computer Communication Review*，2002，32(4)：133—145.

[139]Rocketfuel Project Website. Rocketfuel：An ISP topology mapping

engine[EB/OL]. http://research. cs. washington. edu/networking/rocketfuel/, retrieved in Jan. 2019.

[140]Best processors 2019: top CPUs for your PC[EB/OL]. https://www. techradar. com/news/ best-processors, retrieved in Jan. 2019.

[141]Chen Y, Mahajan R, Sridharan B, et al. A provider-side view of web search response time[J]. *ACM SIGCOMM Computer Communication Review*, 2013, 43(4): 243—254.

[142]Flach T, Dukkipati N, Terzis A, et al. Reducing web latency: the virtue of gentle aggression[C]. ACM SIGCOMM Computer Communication Review, 2013: 159—170.

[143]Telecommunication Standardization Sector of ITU. OAM functions and mechanisms for Ethernet based networks[EB/OL]. https://www. itu. int/rec/T-REC-Y. 1731, retrieved in March 2018.

[144]Alizadeh M, Kabbani A, Edsall T, et al. Less is more: Trading a little bandwidth for Ultra-Low latency in the data center[C]. 9th USENIX Symposium on Networked Systems Design and Implementation, 2012: 253—266.

[145]Atary A, Bremler-Barr A. Efficient round-trip time monitoring in OpenFlow networks[C]. 2016-The 35th Annual IEEE International Conference on Computer Communications, 2016: 1—9.

[146]Breitbart Y, Chan C Y, Garofalakis M, et al. Efficiently monitoring bandwidth and latency in IP networks[C]. 12th Annual Joint Conference of the IEEE Computer and Communications Society, 2001: 933—942.

[147]Shibuya M, Tachibana A, Hasegawa T. Efficient performance diagnosis in openflow networks based on active measurements[C]. ICN, 2014: 268—273.

[148]Aubry F, Lebrun D, Vissicchio S, et al. SCMon: Leveraging segment routing to improve network monitoring[C]. 35th Annual IEEE International Conference on Computer Communications, 2016: 1—9.

[149]Chen J，Kanj I A，Xia G. Improved parameterized upper bounds for vertex cover[C]. Mathematical Foundations of Computer Science，2006：238 —249.

[150]Yu C，Lumezanu C，Sharma A，et al. Software-defined latency monitoring in data center networks[C]. International Conference on Passive and Active Measurement，2015：360—372.

[151]Mittal R，Lam V T，Dukkipati N，et al. TIMELY：RTT-based congestion control for the datacenter[J]. *ACM SIGCOMM Computer Communication Review*，2015，45(4)：537—550.

[152]Yassine A，Rahimi H，Shirmohammadi S. Software defined network traffic measurement：Current trends and challenges[J]. *Instrumentation & Measurement Magazine*，2015，18(2)：42—50.

[153]Clarkson K L. A modification of the greedy algorithm for vertex cover[J]. *Information Processing Letters*，1983，16(1)：23—25.

[154]Soltani A，Bazlamacci C F. Hyfi：Hybrid flow initiation in software defined networks[C]. 5th International Conference on Information and Communication Systems，2014：1—6.

[155]Zhao G，Xu H，Chen S，et al. Joint optimization of flow table and group table for default paths in SDNs[J]. *IEEE/ACM Transactions on Networking*，2018，26(4)：1837—1850.

[156]Qin Q，Poularakis K，Iosifidis G，et al. SDN controller placement at the edge：Optimizing delay and overheads[C]. INFOCOM 2018-IEEE Conference on Computer Communications，2018：684—692.

[157]Abdou A R，Van Oorschot P C，WAN T. Comparative analysis of control plane security of SDN and conventional networks[J]. *Communications Surveys & Tutorials*，2018，20(4)：3542—3559.

[158]Moradi M，Lin Y，Mao Z M，et al. SoftBox：A customizable，low -latency，and scalable 5G core network architecture[J]. *Journal on Selected Areas in Communications*，2018，36(3)：438—456.

[159]Bruschi R, Davoli F, Lago P, et al. An SDN/NFV platform for personal cloud services[J]. *Transactions on Network and Service Management*, 2017, 14(4): 1143—1156.

[160]Zhang Y, Zhang H, Long K, et al. Software-defined and fog-computing-based next generation vehicular networks[J]. *Communications Magazine*, 2018, 56(9): 34—41.

[161]Kaur D, Aujla G S, Kumar N, et al. Tensor-based big data management scheme for dimensionality reduction problem in smart grid systems: SDN perspective[J]. *Transactions on Knowledge and Data Engineering*, 2018, 30(10): 1985—1998.

[162]Lingxia Liao, Chin-Feng Lai, Jiafu Wan, Victor C. M. Leung, Tien-Chi Huang, Scalable distributed control plane for on-line social networks support cognitive neural computing in software defined networks[J]. *Future Generation Computer Systems*, 2019(93):993—1001.

[163]Ling Xia Liao, Jian Wang, Han-Chieh Chao, Distributed and Efficient Network Hypervisor for SDN Virtualization[J]. *Journal of Internet Technology*, 2021,22(3):625—636.

[164]Lingxia Liao, Abdallah Shami, Victor C. M. Leung, Distributed FlowVisor: A distributed FlowVisor platform for quality of service aware cloud network virtualization[J]. *IET Networks*,2015,4(5):270—277.

[165]Ling Xia Liao, Zhi Li, and Han-Chieh Chao, Placing Controllers over Complex Wide Area SDNs based on Clique Identification[J]. *Journal of Internet Technology*, 2021,212(5):1055—1068.

[166]Lingxia Liao, Victor C. M. Leung, Zhi Li, and Han-Chieh Chao, Genetic algorithms with variant particle swarm optimization based mutation for generic controller placement in software-defined networks,[J]. *Symmetry*, 2021,13(7):1133.

[167]Lingxia Liao, Victor C. M. Leung, Chin-Feng Lai, Evolutionary algorithms in Software Defined Networks: techniques, applications, and issues

［J］. *ZTE Communications*，2017(3):5.

［168］Lingxia Liao and Victor C. M. Leung，Genetic algorithms with particle swarm optimization based mutation for distributed controller placement in SDNs［C］. IEEE NFV-SDN'2017,2017:1－6.

［169］Xinren Lu，Changqin Zhao，Ling Xia Liao，C-LLDP-monitoring: Latency Monitoring across Large-scale Software Defined Networks，［C］. 5th International Confernce on Fronties Technology of Information and Computer (ICFTIC)，2023:792－799.

［170］Lingxia Liao，Victor C. M. Leung，and Min Chen，An efficient and accurate link latency monitoring method for low latency Software Defined Networks,［J］. *IEEE Transactions on Instrumentation and Measurement*，2018，68(2):377－391.

［171］Lingxia Liao and Victor C. M. Leung，LLDP based link latency monitoring in software defined networks［C］. IEEE 12th International Conference on Network and Service Management,2016:330－335.

缩写表

ASIC	Application-Specific Integrated Circuit
API	Application Program Interface
AS	Autonomous System
CAM	Content-Addressable Memory
CC	Cloud Computing
CCE	Corosync Cluster Engine
CCN	Computer Communication Network
CPP	Controller Placement Problem
CPU	Central Processing Unit
DeNH	Distributed and efficient Network Hypervisor
DHT	Distributed Hash Table
DisCon	Distributed Control Plane
DS	Data Store
ECS	Event Coordination System
E-NSGA-II	Extended Non-dominated Sorting Genetic Algorithm
FLP	Facility Location Problem
GA	Genetic Algorithm
GCPP	Generic Controller Placement Problem
HSO	Hypervolume by Slicing Objectives
ICMP	Internet Control Message Protocol
IETF	Internet Engineering Task Force
IoT	Internet of Thing
IP	Internet Protocol
ISP	Internet Service Provider

LAN	Local Area Network
MEP	Management End Point
MPLS	Multiple Protocol Label Switching
NFV	Network Function Virtualization
NH	Network Hypervisor
NTP	Network Time Protocol
NSGA-II	Non-dominated Sorting Genetic Algorithm
OF-Config	OpenFlow Configuration Protocol
ONF	Open Networking Foundation
OSPF	Open Shortest Path First
OUI	Organizationally Unique Identifier
OVSDB	Openvswitch Database
PoP	Point of Presence
PSO	Particle Swarm Optimization
QoE	Quality of Experience
QoS	Quality of Service
RIP	Routing Information Protocol
RPC	Remote Procedure Call
RTT	Round Trip Time
SA	Simulated Annealing
SCL	Simplified Event Coordination Layer
SDN	Software Defined Networking
TCAM	Ternary Content-Addressable Memory
TCP	Transmission Control Protocol
TLV	Type-Length-Value Structure
TRM	Tenant Routing Module
TSM	Tenant Switching Module
UDP	User Datagram Protocol
VCP	Vertex Cover Problem
VLAN	Virtual Local Area Network
WAN	Wide Area Network
WA-SDN	Wide Area SDN

致　谢

首先，我要向我的导师 Victor C. M. Leung 教授、Son T. Vuong 教授、赵涵捷教授表达深深的谢意，感谢他们为我提供了在 UBC 和台湾东华大学攻读博士学位的机会，让我有机会能在他们的指导下学习如何确定研究领域、如何独立开展研究，以及如何撰写高质量的论文。我还要特别感谢华中科技大学陈敏教授为我提供的试验平台，支持我完成了本书的所有实验，同时还要感谢他在我的研究和本书写作过程中提供的宝贵意见和建议。

此外，我还要感谢我所有的同事、论文合著者和朋友，感谢他们给予我的帮助和支持。我特别向我的家人致以最深切的谢意，感谢他们在我的工作和生活中给予我的关爱和无条件支持。

本研究得到了加拿大国家自然科学与工程研究委员会（NSERC）和中国国家自然科学基金委员会的资助。